Wissenschaftliche Taschenbücher

WTB

Chemie

Horst Remane
Rainer Herzschuh

Massenspektrometrie in der organischen Chemie

Akademie-Verlag · Berlin

WTB Wissenschaftliche Taschenbücher

Reihe BIOLOGIE

HANS BERGNER
Tierernährung

HELMUT FRIEMEL / JOSEF BROCK
Grundlagen der Immunologie

HELLMUTH GÄBLER
Forstschutz

HEINZ GEILER
Ökologie der Land- und Süßwassertiere

PAUL HOFFMANN
Photosynthese

EBERHARD HOFMANN
Eiweiße und Nucleinsäuren als biologische Makromoleküle
Dynamische Biochemie, Teil I

EBERHARD HOFMANN
Enzyme und energiebereitstellende Reaktionen des Stoffwechsels
Dynamische Biochemie, Teil II

EBERHARD HOFMANN
Der Stoffwechsel lebendiger Systeme und seine Regulation
Dynamische Biochemie, Teil III

EBERHARD HOFMANN
Biochemie der Vererbung, Differenzierung und anderer Zellfunktionen
Dynamische Biochemie, Teil IV

FRIEDRICH JACOB
Bewegungsphysiologie der Pflanzen

GERHARD LERCH
Pflanzenökologie

JOACHIM NITSCHMANN
Entwicklung bei Mensch und Tier

HANS-WERNER NOLTE
Pflanzenschutz in der Landwirtschaft

KLAUS ODENING
Parasitismus

ALFRED PALISSA
Bodenzoologie in Wissenschaft, Naturhaushalt und Wirtschaft

MARTIN SCHMIDT
Pflanzenschutz im Gartenbau

ULRICH SEDLAG
Biologische Schädlingsbekämpfung

LUDWIG SPANNHOF
Zellen und Gewebe der Tiere

DIETER SPAAR
HELMUT KLEINHEMPEL
HANS JOACHIM MÜLLER
KLAUS NAUMANN
Bakteriosen der Kulturpflanzen

GÜNTER TEMBROCK
Grundlagen des Tierverhaltens

GÜNTER TEMBROCK
Biokommunikation
Informationsübertragung im biologischen Bereich
Teil I und II

EBERHARD TEUSCHER
Pharmakognosie
Teil I und II

REGINE WITKOWSKI
FALKO H. HERRMANN
Einführung in die klinische Genetik

GERALD WOLF
Neurobiologie

Reihe CHEMIE

HANS-MARTIN BARCHET
Chemie photographischer Prozesse

ULRICH BEHRENS
MANFRED RINGPFEIL
Mikrobielle Polysaccharide

ROLF BORSDORF
MANFRED SCHOLZ
Spektroskopische Methoden in der organischen Chemie

HANS DAWCZYNSKI
Temperaturbeständige Faserstoffe aus organischen Polymeren

HANS DAWCZYNSKI
Temperaturbeständige Faserstoffe aus anorganischen Polymeren

WERNER DÖPKE
Stereochemie organischer Verbindungen

MARTIN FINKE / WALTER LEIPNITZ
Moderne Methoden der Erdölanalyse

ERICH GUNDERMANN
Chemie und Technologie des Braunkohlenteers

WERNER HABERDITZL
Magnetochemie

SIEGFRIED HAUPTMANN
Über den Ablauf organisch-chemischer Reaktionen

HELMUT HRAPIA
Einführung in die Chromatographie

HORST KEHLEN / FRANK KUSCHEL
HORST SACKMANN
Grundlagen der chemischen Kinetik

GERHARD KEMPTER
Struktur und Synthese von Vitaminen

PETER KRUMBIEGEL
Isotopieeffekte

KLAUS KÜHNE
Werkstoff Glas

DIETER MERKEL
Riechstoffe

DIETER ONKEN
Steroide

BURKART PHILIPP
GERHARD REINISCH
Grundlagen der makromolekularen Chemie

JOACHIM RIEMER
Quantitative organische Mikroanalyse

ROLF SCHÖLLNER
Die Oxydation organischer Verbindungen mit Sauerstoff

WOLFGANG WAGNER
Chemische Thermodynamik

GÜNTHER WAGNER
HANS KÜHMSTEDT
Pharmazeutische Chemie

ADOLF ZSCHUNKE
Kernmagnetische Resonanzspektroskopie in der organischen Chemie

Reihe MATHEMATIK / PHYSIK

HANS BANDEMER
ANDREAS BELLMANN
WOLFHART JUNG / KLAUS RICHTER
Optimale Versuchsplanung

FRANK BEICHELT
Prophylaktische Erneuerung von Systemen

DIETRICH BENDER
ERNST-EGON PIPPIG
Einheiten, Maßsysteme, SI

WOLFRAM BRAUER
HANS-WALDEMAR STREITWOLF
Theoretische Grundlagen der Halbleiterphysik

SIEGFRIED BREHMER
Einführung in die Maßtheorie

FERDINAND CAP
Einführung in die Plasmaphysik
I. Theoretische Grundlagen
II. Wellen und Instabilitäten
III. Magnetohydrodynamik

JOHN CUNNINGHAM
Vektoren

GEORG DAUTCOURT
Relativistische Astrophysik

K. CH. DELOKAROV
Relativitätstheorie und Materialismus

WERNER DÜCK
Diskrete Optimierung

ALBERT EINSTEIN
Grundzüge der Relativitätstheorie

ALBERT EINSTEIN
Über die spezielle und die allgemeine Relativitätstheorie

HANNELORE FISCHER
JOACHIM PIEHLER
Modellsysteme der Operationsforschung

ALFRED FRIESER
Mikrowellenmeßtechnik

W. L. GINSBURG
Über Physik und Astrophysik

HERBERT GOERING
Elementare Methoden zur Lösung von Differentialgleichungsproblemen

HERBERT GOERING
Asymptotische Methoden zur Lösung von Differentialgleichungen

MICHAEL GÖSSEL
Angewandte Automatentheorie
Band I und II

MICHAEL GÖSSEL
Wahrscheinlichkeitsautomaten und Zufallsfolgen

E. G. GOLSTEIN
Konvexe Optimierung

HELMUT HESS
Der elektrische Durchschlag in Gasen

WILHELM KÄMMERER
Kybernetik — eine Einführung auf naturwissenschaftlicher Grundlage

V. I. KARPMAN
Nichtlineare Wellen in dispersiven Medien

ULRICH KAUSMANN
KLAUS LOMMATZSCH
FRANTIŠEK NOŽIČKA
Lineare parametrische Optimierung

VOLKER KEMPE
Theorie stochastischer Systeme

VOLKER KEMPE
Analyse stochastischer Systeme
Teil I

A. R. KESSEL
Akustische Kernresonanz

HEINRICH KINDLER
Der Regelkreis

DIETER KLAUA
Elementare Axiome der Mengenlehre
Einführung in die
Allgemeine Mengenlehre I

DIETER KLAUA
Grundbegriffe der axiomatischen Mengenlehre
Teil 1 und 2
Einführung in die
Allgemeine Mengenlehre II

DIETER KLAUA
Kardinal- und Ordinalzahlen
Teil 1 und 2
Einführung in die
Allgemeine Mengenlehre III

DIETER KÖNIG / DIETRICH STOYAN
Methoden der Bedienungstheorie

KONRAD KREHER
Festkörperphysik

DIETER KRESS
Theoretische Grundlagen der Signal- und Informationsübertragung

JEAN KUNTZMANN
Unendliche Reihen

JEAN KUNTZMANN
Systeme von Differentialgleichungen

JEAN KUNTZMANN
Komplexe Veränderliche

DIERCK-EKKEHARD LIEBSCHER
Relativitätstheorie mit Zirkel und Lineal

WOLFGANG MEILING
Kernphysikalische Elektronik

PETER PAUFLER / DIETER LEUSCHNER
Kristallographische Grundbegriffe der Festkörperphysik

HARRY PAUL
Lasertheorie
Teil I und II

HARRY PAUL
Nichtlineare Optik
Teil I und II

WOLFGANG PAULI
Vierpoltheorie und ihre Anwendung auf elektronische Schaltungen

HARRY PFEIFER
Theorie linearer Bauelemente
Elektronik für den Physiker I

HARRY PFEIFER
Die Elektronenröhre
Elektronik für den Physiker II

HARRY PFEIFER
Schaltungen mit Elektronenröhren
Elektronik für den Physiker III

HARRY PFEIFER
Leitungen und Antennen
Elektronik für den Physiker IV

HARRY PFEIFER
Mikrowellenelektronik
Elektronik für den Physiker V

HARRY PFEIFER
Halbleiterelektronik
Elektronik für den Physiker VI

HARRY PFEIFER / W. HEINK
Schaltungen mit Transistoren
Elektronik für den Physiker VII

ULRICH RÖSEBERG
Determinismus und Physik

J. A. ROSANOW
Wahrscheinlichkeitstheorie

E. M. SAWIZKI
Perspektiven der Metallforschung

WOLFGANG SCHÄFER
Theoretische Grundlagen der Stabilität technischer Systeme

ERNST SCHMUTZER
Symmetrien und Erhaltungssätze der Physik

I. S. SHELUDEW
Elektrische Kristalle

N. D. SHEWANDROW
Die Polarisation des Lichtes

L. A. SKORNJAKOW
Elemente der Verbandstheorie

A. A. SMIRNOW
Metallphysik

A. S. SONIN / B. A. STRUKOW
Einführung in die Ferroelektrizität

HANS-JÜRGEN TREDER
Elementare Kosmologie

J. F. VINSON
Optische Kohärenz in der klassischen Theorie und in der Quantentheorie

TEXTE UND STUDIEN

D. M. BRINK
Kernkräfte

STEPHEN G. BRUSH
Kinetische Theorie
Teil I und II

Festkörperphysik
Entwicklungstendenzen und Anwendungsmöglichkeiten

D. TER HAAR
Quantentheorie

W. R. HINDMARSH
Atomspektren

J. H. SANDERS
Die Lichtgeschwindigkeit

Die Schöpfer der physikalischen Optik
Eine Artikelsammlung

GUSTAV E. R. SCHULZE
Beiträge zur Entwicklung der Metallphysik

R. A. R. TRICKER
Die Beiträge von Faraday und Maxwell zur Elektrodynamik

R. A. R. TRICKER
Frühe Elektrodynamik

Vorschau auf die nächsten Bände:

JOACHIM AUTH / DIETMAR GENZOW
KLAUS H. HERRMANN
Photoelektrische Erscheinungen

GERHARD GEISELER / HEINZ SEIDEL
Die Wasserstoffbrückenbindung

W. S. LETOCHOW
Laserspektroskopie

HANS LUPPA
Grundlagen der Histochemie
Teil I und II

GERHARD WUNSCH
Zellulare Systeme

WTB

BAND 200

Horst Remane / Rainer Herzschuh

Massenspektrometrie in der organischen Chemie

Mit 80 Abbildungen,
21 Abbildungen im Anhang und 12 Tabellen

AKADEMIE-VERLAG · BERLIN

Reihe CHEMIE

Herausgegeben im Auftrage
der Akademie der Wissenschaften der DDR

von:

Prof. Dr. Dr. h. c. H. Klare, Berlin
Prof. Dr.-Ing. Dr. h. c. E. Leibnitz, Berlin
Prof. Dr.-Ing. habil. Dr. rer. nat. h. c. mult. K. Schwabe, Meinsberg
Prof. Dr. Dr. h. c. E. Thilo †, Berlin

Verantwortlicher Herausgeber dieses Bandes:
Prof. Dr.-Ing. habil. Dr. rer. nat. h. c. K. Schwabe

Verfasser:
Dr. rer. nat. Horst Remane
Doz. Dr. rer. nat. Rainer Herzschuh
Sektion Chemie der Karl-Marx-Universität
Leipzig

1977
Erschienen im Akademie-Verlag, 108 Berlin, Leipziger Straße 3—4

Lizenznummer: 202 · 100/484/77
Herstellung: VEB Druckhaus „Maxim Gorki“, 74 Altenburg
Bestellnummer: 762 038 9 (7200) · LSV 1234, 1274
Printed in GDR
DDR 12,50 M

Vorwort

Die Massenspektrometrie gehört heute ebenso wie die IR-, die UV- und die NMR-Spektroskopie sowie die chromatographischen Methoden zum Grundbestand einer modernen instrumentellen Analytik. Der Wert der Massenspektrometrie für den Organiker liegt in der Anwendbarkeit der Methode zum Nachweis, zur Identifizierung und zur Strukturaufklärung organischer und metallorganischer Verbindungen in synthetischen, technischen sowie natürlichen Produkten. Der große Vorteil der Massenspektrometrie gegenüber anderen Strukturaufklärungsmethoden ist der äußerst geringe Substanzbedarf. Mit Hilfe der Massenspektrometrie können Picogramm-Mengen organischer Verbindungen eindeutig identifiziert werden, so daß sie als Methode zur Spurenanalyse in der Biochemie, im Umweltschutz und in der Medizin immer breitere Anwendung findet. Weiterhin gestattet der gekoppelte Einsatz von Massenspektrometrie und Gaschromatographie die Untersuchung von Vielkomponentengemischen und wird auf diesem Gebiet von keiner anderen Methode übertroffen.

Der vorliegende Band will kein Lehrbuch der Massenspektrometrie schlechthin sein, in dem alle Probleme und Anwendungsmöglichkeiten vollständig abgehandelt werden. Er soll vielmehr dazu beitragen, sowohl den Studenten als auch den Praktikern den notwendigen Überblick zu geben, um die Anwendungsmöglichkeiten der Massenspektrometrie zur Lösung von anfallenden Analysenproblemen abschätzen zu können. Dazu werden Grundkenntnisse in der organischen Chemie vorausgesetzt, hingegen die Grundlagen der Massenspektrometrie abgehandelt. Einen breiten Raum nehmen dabei die technischen und mechanistischen Probleme der Auswertung von Massenspektren ein, wobei ausschließlich auf die Stoßionisation eingegangen wird. In einem weiterem Teil dieses Bandes werden einige spezielle Anwendungsgebiete der Massenspektrometrie erörtert.

Leipzig, Juni 1976 *Die Verfasser*

Inhalt

1. Prinzip der Massenspektrometrie

Die Massenspektrometrie ist eine Methode zur Ermittlung der Masse und der Häufigkeit von geladenen Teilchen. Das Prinzip der Massenspektrometrie besteht darin, aus Atomen oder Molekülen in geeigneter Weise Ionen zu erzeugen, diese nach ihrer Masse und nach ihrer Ladung zu trennen und mit Hilfe einer Registriereinrichtung nach Masse und Häufigkeit als Massenspektrum zu erfassen. Zur Aufnahme der Massenspektren verwendet man Massenspektrometer, die aus folgenden Bausteinen bestehen, vgl. Abb. 1 und 2:

- Einlaß
- Ionenquelle
- Trennsystem
- Registriereinrichtung

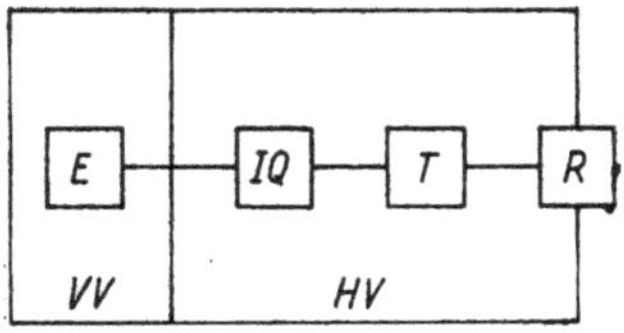

Abb. 1. Blockschema eines Massenspektrometers
E – Einlaß, *IQ* – Ionenquelle, *T* – Trennsystem,
R – Registriereinrichtung, *VV* – Vorvakuum, *HV* – Hochvakuum

Ein Pumpensystem sorgt für die Erzeugung des zur Messung notwendigen Vakuums.

In Abhängigkeit von der verwendeten Registriereinrichtung unterscheidet man zwischen Massenspektrographen und Massenspektrometern. Bei ersteren erfolgt die Registrierung auf einer Fotoplatte, vgl. 2.4.1., und bei letzteren elektrisch, vgl. 2.4.2. und 2.4.3.

Der Oberbegriff für beide Gerätetypen ist Massenspektroskop, und die exakte Bezeichnung der Methode ist Massenspektroskopie. Da es sich aber allgemein eingebürgert hat, anstelle des Begriffes Massenspektroskopie den Begriff Massenspektrometrie zu verwenden, wird auch in der vorliegenden Arbeit so verfahren. Gemäß den Empfehlungen der IUPAC zur Nomenklatur in der Massenspektrometrie [1] ist eine solche Verfahrensweise gestattet.

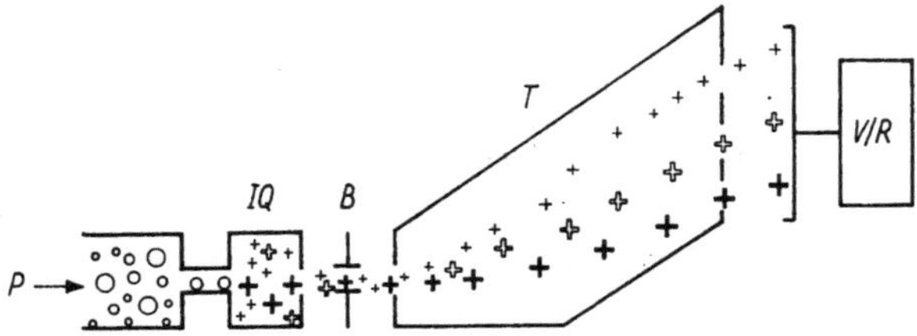

Abb. 2. Aufbau eines Massenspektrometers (schematisch)
P – Probe, IQ – Ionenquelle, B – Beschleunigung, T – Trennsystem, V/R – Verstärkung, Registriereinrichtung

2. Apparative Grundlagen der Massenspektrometrie

2.1. *Einlaßsysteme*

Die Einlaßsysteme dienen zum Einbringen der Proben in die Ionenquelle, ohne daß dabei das im Gerät vorhandene Vakuum zusammenbricht. Da zur Ionenerzeugung die Probe im gasförmigen Zustand vorliegen muß, werden feste Stoffe und Flüssigkeiten im Einlaßsystem verdampft. Die Verbindungen müssen einen Mindestdampfdruck von 10^{-4} Pa (etwa 10^{-6} Torr) erreichen, damit sie massenspektrometrisch untersucht werden können.

Die meisten modernen Massenspektrometer haben auf Grund der unterschiedlichen Flüchtigkeit der zu vermessenden Verbindungen mehrere Einlaßsysteme.

2.1.1. Indirekter Einlaß

Beim indirekten Einlaß wird die Probe zunächst in einem Vorratsbehälter verdampft. Von dort gelangt sie durch eine sehr kleine Düse (Molekularleck) in die Ionenquelle. Um zu verhindern, daß an irgendeiner Stelle des indirekten Einlasses die Probe kondensiert oder auskristallisiert, muß das gesamte System heizbar sein. Der indirekte Einlaß ist zum Einbringen von Gasen sowie von Flüssigkeiten und festen Stoffen, die einen Dampfdruck von mindestens 1 Pa (etwa 10^{-2} Torr) unzersetzt erreichen, geeignet. Bedingt durch die Größe des Vorratsbehälters, sie liegt meist zwischen 0,5 und 5 *l*, bleibt für die Meßzeit der Dampfdruck der Probe praktisch konstant, so daß eine gute Reproduzierbarkeit der Spektren gewährleistet ist. Dieser Vorzug begünstigt den Einsatz des indirekten Einlaßes zur quantitativen Analyse, vgl. Abschn. 11.

Auch Gaschromatographen können bei direkter Kopplung an ein Massenspektrometer als spezifischer indirekter Einlaß (gaschromatographischer Einlaß) verwendet werden, vgl. 14.

2.1.2. Direkter Einlaß

Verbindungen, die sich relativ schlecht verdampfen lassen, können direkt in die Ionenquelle eingebracht und dort verdampft werden. Bei dieser Arbeitsweise, man spricht vom direkten Einlaß, genügt es, wenn die Probe den zur Analyse notwendigen Mindestdampfdruck von etwa 10^{-4} Pa unzersetzt erreicht. Bei direktem Einlaß können durch ungleichmäßiges Verdampfen Druckschwankungen in der Ionenquelle hervorgerufen werden, so daß auf diese Weise erhaltene Spektren für quantitative Untersuchungen wenig geeignet sind.

2.2. *Ionenerzeugung*

Die Erzeugung der Ionen im Massenspektrometer ist auf den unterschiedlichsten Wegen möglich:

- Elektronenstoßionisation
- Photoionisation
- Funkenionisation
- Thermische Oberflächenionisation
- Feldionisation
- Chemische Ionisation

In Abhängigkeit von der verwendeten Ionenquelle bezeichnet man die einzelnen massenspektrometrischen Methoden als Elektronenstoßmassenspektrometrie, Photoionisationsmassenspektrometrie usw.

2.2.1. *Elektronenstoßionisation*

Bei der Elektronenstoßionisation werden die von einer Glühkathode emittierten Elektronen senkrecht zur Strömungsrichtung der Probe durch ein Magnetfeld gebündelt und in Richtung Anode beschleunigt. Beim Zusammenstoß dieser Elektronen mit dem Molekül *AB* der Probe wird aus letzterem ein Elektron herausgeschlagen, und es entstehen positiv geladene Molekülionen $[AB]^{+\cdot}$[1]:

$$AB + e \longrightarrow AB^{\rceil +\cdot} + 2e$$

AB-Molekül, $AB^{\rceil +\cdot}$-Molekülion, *e*-Elektron

Die allgemeine Bezeichnung für ein Molekülion ist $M^{+\cdot}$, vgl. auch 4.1.

---

[1]) Die Angabe der Ladung erfolgt an der rechten Seite der Formel für das entsprechende Ion. Es ist üblich, die Formel in eckige Klammern einzuschließen. Vielfach wird dabei aus Gründen der Übersichtlichkeit nur der obere Teil der rechten Klammer gezeichnet und an dieser die Ladung markiert.

Der Ionisationsvorgang kann demnach als eine chemische Reaktion zwischen der Probe und dem Reagenz Elektronen aufgefaßt werden. Das Molekülion ist ein Radikalkation, es zerfällt weiter in verschiedene geladene, neutrale und/oder radikalische Bruchstücke (Fragmente) bzw. in Radikalkationen:

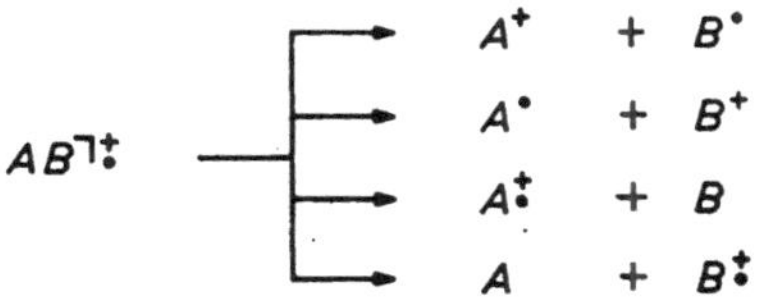

$AB^{\rceil+\cdot}$ - Molekülion
A^{+}, B^{+} - Fragmentionen
$A^{\cdot}$, $B^{\cdot}$ - Radikale
A, B - neutrale Fragmente
$A^{+\cdot}$, $B^{+\cdot}$ - Radikalkationen

Die Art und die Häufigkeit der entstehenden Bruchstücke hängen von der Energie der Stoßelektronen ab, die üblicherweise in Elektronenvolt (eV) angegeben wird.

$$1 \text{ eV} = 96{,}493 \text{ kJ mol}^{-1} = 23{,}055 \text{ kcal mol}^{-1}$$

Abb. 3 gibt die Abhängigkeit der Ionenausbeute für ein Molekülion und für ein Fragmention von der Elektronenenergie graphisch wieder. Mit zunehmender Elektronenenergie steigt die Ionenausbeute zunächst an und erreicht bei etwa 50 eV einen Grenzwert. Die meisten Massenspektrometer arbeiten mit Stoßelektronen, deren Energie 70 eV beträgt. Aus Abb. 3 geht hervor, daß in diesem Bereich neben der maximalen Ionenausbeute auch eine gute Reproduzierbarkeit der Spektren im Falle von Schwankungen der Elektronenenergie erreicht werden kann. Daneben interessieren vielfach die Spektren bei niedriger Elektronenenergie, man nennt sie auch Niedervoltspektren, die meist bei 12 oder

15 eV aufgenommen werden. Wie aus Abb. 3 ebenfalls hervorgeht, ist die Reproduzierbarkeit in diesem Bereich auf Grund des steilen Anstieges der Ionenausbeutekurve wesentlich schlechter als bei 70 eV.

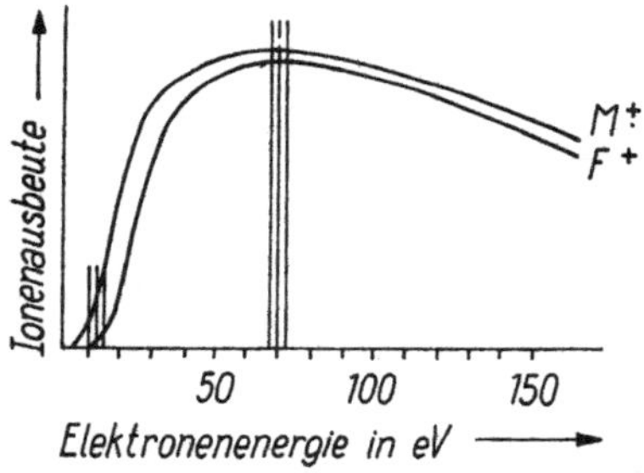

Abb. 3. Ionenausbeute in Abhängigkeit von der Elektronenenergie bei der Elektronenstoßmassenspektrometrie
$M^{+\cdot}$ – Molekülion, F^{+} – Fragmention

2.2.2. *Photoionisation*

Die Ionenerzeugung kann auch durch Lichtquanten (Photonen) erfolgen, deren Energie in der Nähe des Ionisationpotentials der meisten Atome und Moleküle, also zwischen 300 und 2500 kJ mol^{-1}, liegt. Diesem Energiebereich entspricht UV-Licht mit der Wellenlänge von $4{,}13 \cdot 10^{-7}$ bis $0{,}50 \cdot 10^{-7}$ m [2].

$$AB + \gamma \longrightarrow AB^{\rceil +\cdot} + e$$
$$AB + \gamma' \longrightarrow AB^{\rceil +\cdot *} + e$$

AB – Molekül
γ, γ' – Photonen
e – Elektron
$AB^{\rceil +\cdot}$ – Molekülion im Grundzustand
$AB^{\rceil +\cdot *}$ – Molekülion im angeregten Zustand

Die für die Photoionisation verwendeten Ionenquellen sind in ähnlicher Weise aufgebaut wie die Elektronenstoßionenquellen. Wenn die Photonenenergie die Ionisierungsenergie der Probe erreicht, setzt die Ionisierung sprunghaft ein, ohne daß bei weiter ansteigender Photonenenergie noch wesentliche Änderungen in der Ionenausbeute erfolgen, vgl. Abb. 4.

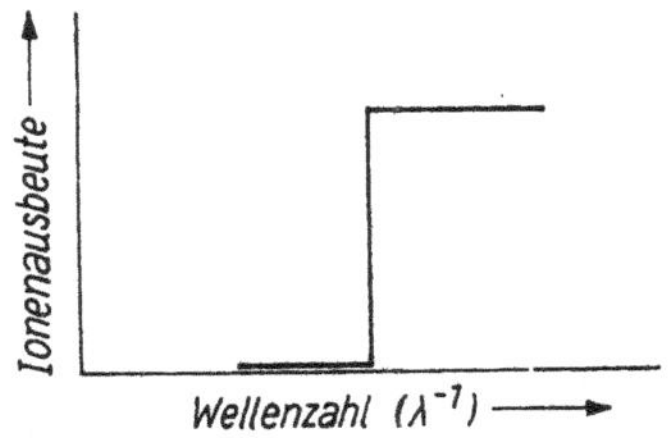

Abb. 4. Ionenausbeute in Abhängigkeit von der Wellenzahl (λ^{-1}) bei der Photoionisation (idealisiert)

Das Hauptanwendungsgebiet der Photoionisationsmassenspektrometrie liegt in der Bestimmung von Ionisationspotentialen, vgl. 10. Die erreichbare Genauigkeit beträgt bei Verwendung eines guten Monochromators $\pm$ 5 kJ. Mit Hilfe der Elektronenstoßmassenspektrometrie erreicht man normalerweise $\pm$ 20 kJ und bei sehr hohem technischen Aufwand $\pm$10 kJ.

2.2.3. *Andere Arten der Ionisation*

Bei der massenspektrometrischen Untersuchung von Festkörpern, z. B. von Metallen, von Glas oder von Salzen werden die Ionen entweder durch thermische Oberflächenionisation oder aber im Funkenplasma einer speziell konstruierten Hochfrequenzbogenlampe erzeugt, vgl. z. B. [3, 4, 5].

Zur Untersuchung organischer Verbindungen wurde auf Grund der relativ einfachen Handhabung und der weiten Verbreitung entsprechender kommerzieller Geräte bisher noch überwiegend die Stoßionisation angewendet. Seit einigen Jahren gewinnen die Feldionisation und die Chemische Ionisation zunehmend an Bedeutung. Die Grundzüge dieser beiden Methoden werden daher in den Abschnitten 13.1. und 13.2. erläutert.

2.3. Ionentrennung

In der Trenneinrichtung werden die in der Ionenquelle erzeugten Ionen sowohl getrennt als auch zum Auffänger gebracht. Dazu muß man die Ionen als erstes durch Anlegen eines elektrischen Feldes von etwa 800 bis 8000 V beschleunigen. Dabei wird die potentielle Energie der Ionen in kinetische umgewandelt. Es gilt:

$$e \cdot U = \frac{1}{2} m \cdot v^2 \qquad (1)$$

e — Ladung
U — Beschleunigungsspannung
m — Masse
v — Geschwindigkeit

oder nach v aufgelöst

$$v = \sqrt{\frac{2e \cdot U}{m}} \qquad (2)$$

Die erreichte Geschwindigkeit ist der Wurzel aus der Masse indirekt proportional und liegt in den gebräuchlichsten kommerziellen Geräten in der Größenordnung von 100 km/s.

Die Ionentrennung kann entweder mit dynamischen oder mit statischen Methoden erfolgen.

2.3.1. Dynamische Ionentrennung

2.3.1.1. Flugzeitinstrumente

Die Abhängigkeit der Geschwindigkeit von der Masse wird bei den Flugzeitinstrumenten zur Massentrennung ausgenutzt. Nach Gleichung (2) erreichen schwere Teilchen den Auffänger später als leichte, so daß die verschiedenen Teilchen zu unterschiedlichen Zeiten auf den Auffänger treffen und dort registriert werden können. Flugzeitinstrumente sind relativ einfach im Aufbau ihrer Trenneinheit. Sie eignen sich besonders zu kinetischen Untersuchungen. Von Nachteil ist ihr geringes Auflösungsvermögen, vgl. 2.5.1., das bei etwa 300 liegt.

2.3.1.2. Quadrupolmassenspektrometer

Eine weitere Gruppe von Massenspektrometern, bei denen die Ionentrennung dynamisch erfolgt, sind die Quadrupolmassenspektrometer, vgl. Abb. 5, [3, 5, 6].

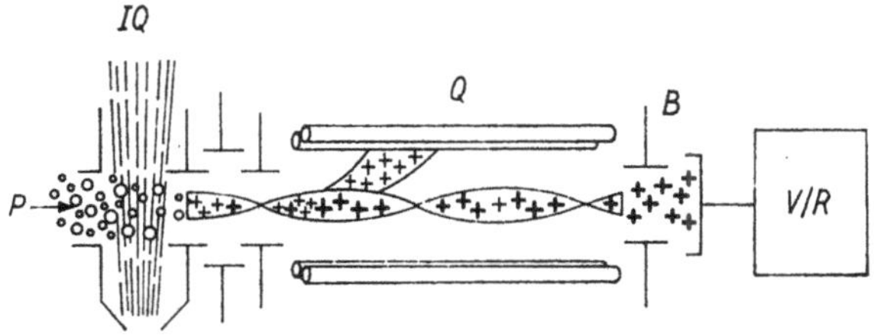

Abb. 5. Aufbau eines Quadrupolmassenspektrometers
P – Probe, *IQ* – Ionenquelle, *Q* – Quadrupol, *B* – Beschleunigung, *V/R* – Verstärkung, Registriereinrichtung

Der Quadrupol besteht aus vier Metallstäben mit hyperbolischem Querschnitt, die mit hoher Präzision parallel gegeneinander angeordnet und miteinander verbunden sind. Die Massentrennung im Quadrupol erfolgt durch eine elektrostatische Gleichspannung, der ein Hochfrequenzfeld überlagert ist. An das eine diagonal gegenüberliegende Stäbepaar werden eine positive Gleichspannung und eine Hochfrequenzspannung angelegt. An das andere Stäbepaar werden eine negative Gleichspannung und eine Hochfrequenzspannung, die gegenüber der anderen um 180° phasenverschoben ist, angelegt. Beim Durchlauf von Ionen in Längsrichtung der Stäbe werden die Spannung und die Frequenz so verändert, daß jeweils die Ionen gleicher Masse auf einer bestimmten Bahn den Auffänger erreichen.

Quadrupolmassenspektrometer weisen gegenüber den anderen beschriebenen Instrumenten eine höhere Empfindlichkeit auf und haben eine wesentlich kleinere Trenneinrichtung. Sie erlauben das Arbeiten bei Drücken bis zu 10^{-2} Pa und gestatten Registrierzeiten von 10^{-1} Sek. je Massendekade. Infolge der gleichmäßigen Masse-Ladungs-Fokussierung im Trennteil ist die Massenskala linear. Die erreichbare Auflösung liegt bei ca. 1000.

Quadrupolmassenspektrometer eignen sich besonders für die Kopplung an Gaschromatographen, vgl. 14.

2.3.2. *Statische Ionentrennung*

2.3.2.1. *Sektorfeldinstrumente*

Die Mehrzahl der gegenwärtig verwendeten Massenspektrometer mit statischer Ionentrennung sind magnetische Sektorfeldinstrumente, in denen die Trennung durch die unterschiedliche Ablenkung der Teilchen in Abhängigkeit von der Masse (genauer von m/e) in einem äußeren Magnetfeld realisiert wird. Die aus der Ionenquelle kommenden Ionen durchlaufen ein Magnetfeld der Stärke H, dessen Feldlinien senkrecht zu ihrer Bewegungsrichtung stehen, und werden bei gleichbleibender Bahngeschwindigkeit auf eine Kreisbahn gelenkt. Es stellt sich ein Gleichgewicht zwischen der ablenkenden LORENTZ-Kraft und der Zentrifugalkraft ein:

$$e \cdot H \cdot v = \frac{m \cdot v^2}{r} \tag{3}$$

e — Ladung
H — Magnetfeldstärke
r — Radius der Ablenkung
v — Geschwindigkeit
m — Masse

Nach r aufgelöst erhält man:

$$r = \frac{m \cdot v^2}{e \cdot H \cdot v} = \frac{m \cdot v}{e \cdot H} \tag{4}$$

Setzt man für v Gl. (2) ein, so ergibt sich die Grundgleichung der magnetischen Sektorfeldinstrumente:

$$\frac{m}{e} = \frac{H^2 \cdot r^2}{2U} \tag{5}$$

Aus Gl. (5) geht hervor, daß Änderungen von m/e durch Veränderung von H, U und/oder r kompensiert werden können. Im allgemeinen werden zwei Größen konstant gehalten, und die dritte wird verändert.

Bei konstanter Beschleunigungsspannung und konstanter Magnetfeldstärke bewegen sich die Ionen in Abhängigkeit von der Massenzahl (m/e) auf unterschiedlichen Kreisbahnen. Dieses Prinzip wird bei Geräten angewendet, die eine photographische Registriereinrichtung besitzen.

In den meisten Geräten ist die Kreisbahn durch die Konstruktion vorgegeben. Die Änderung der Beschleunigungsspannung wird in einigen besonderen Fällen, z. B. beim Peakmatching-Verfahren oder bei der Massenfragmentographie, vgl. 15., zur Massentrennung herangezogen. Bei Veränderung des Magnetfeldes erreichen alle Ionen in Abhängigkeit von m/e nacheinander die gleiche Stelle des Auffängers, weil das angelegte äußere Magnetfeld den Ionenstrom in der Richtung fokussiert und ihn hinsichtlich der Masse und der Energie der Teilchen dispergiert. Vergleicht man die Verhältnisse mit denen in der Optik, so kann festgestellt werden, daß das Magnetfeld sich bezüglich der Richtung der Ionen wie eine Sammellinse und bezüglich der Masse und der Energie der Ionen wie ein Prisma verhält. Aus diesem Grunde ist die Auflösung, vgl. 2.5.1., eines Sektorfeldmassenspektrometers begrenzt. Sie liegt bei 1000 bis 2000 und kann bei entsprechendem Aufwand etwa 5000 erreichen. Man nennt solche Massenspektrometer einfachfokussierende Massenspektrometer.

2.3.2.2. Doppelfokussierende Massenspektrometer

Ein anderer Typ von Massenspektrometern mit statischer Ionentrennung sind die doppelfokussierenden Massenspektrometer. Hier werden die Ionen zuerst durch ein elektrisches und danach durch ein magnetisches Sektorfeld in ihrer Richtung fokussiert und hinsichtlich ihrer Energie dispergiert. Die Energie des elektrischen Sektorfeldes wird dann so auf die des magnetischen abgestimmt, daß sich die Dispersionen in beiden Feldern aufheben. Man erreicht bei dieser Arbeitsweise, daß im Resultat auch die Energie fokussiert wird und bekommt dadurch eine wesentlich bessere Massentrennung als bei einfachfokussierenden Geräten. Die Auflösung moderner hochauflösender doppelfokussierender Massenspektrometer liegt gegenwärtig etwa zwischen 20000 und 70000.

Bei der Konstruktion von doppelfokussierenden Massenspektrometern werden hauptsächlich zwei unterschiedliche Anordnungen des magnetischen und des elektrischen Sektorfeldes angewendet. In Geräten mit Nier-Johnson-Geometrie, vgl. Abb. 6, sind beide Felder 90°-Sektoren. Die Ablenkung erfolgt in einer Richtung.

Ionen verschiedener Massenzahl werden durch Änderung der Magnetfeldstärke nacheinander zum Auffänger gebracht. Dagegen erfolgt die bei Geräten mit MATTAUCH-HERZOG-Geometrie, vgl. Abb. 7, die Ablenkung in beiden Sektorfeldern nach verschiedenen Richtungen. Die Ionen erreichen gleichzeitig den Auffänger. Die Registrierung muß dann mittels einer Fotoplatte erfolgen.

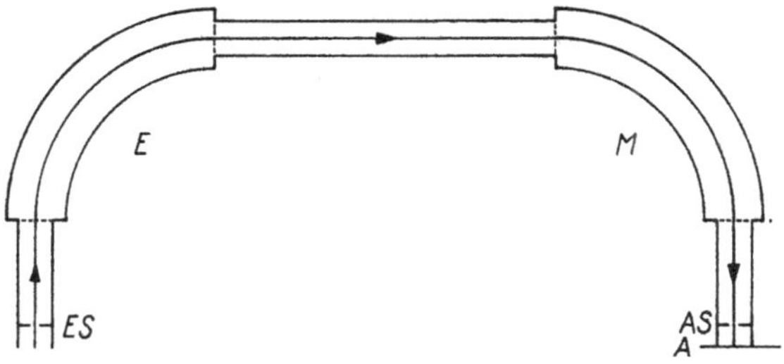

Abb. 6. Schematischer Aufbau der Doppelfokussierung mit NIER-JOHNSON-Geometrie
ES – Eintrittsspalt, *AS* – Austrittsspalt, *E* – elektrischer Sektor, *M* – magnetischer Sektor, *A* – Auffänger

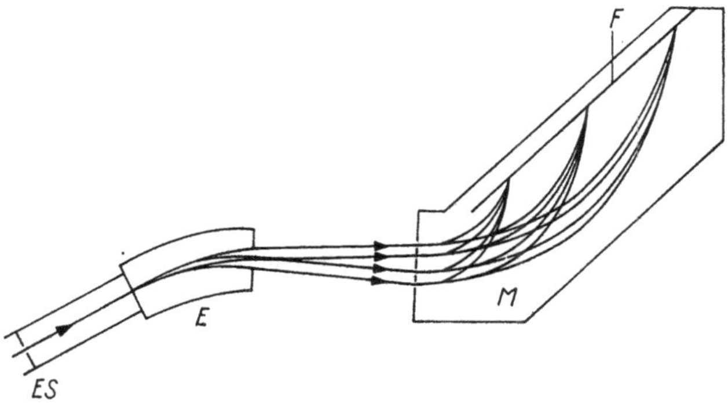

Abb. 7. Schematischer Aufbau der Doppelfokussierung mit MATTAUCH-HERZOG-Geometrie
ES – Eintrittsspalt
E – elektrischer Sektor, *M* – magnetischer Sektor
F – Fotoplatte

2.4. *Ionennachweis und Registrierung*

Nach dem Passieren des Trennrohres gelangen die Ionen auf eine Nachweiseinrichtung. Als solche werden Fotoplatten, Faraday-Auffänger oder Sekundärelektronenvervielfacher benutzt.

2.4.1. *Fotoplatten*

Die Fotoplatte ist vom technischen Aufwand her das einfachste Mittel zum Ionennachweis. Aus der Lage und der Schwärzung der Linien auf der Fotoplatte sind die Masse (besser m/e) und die Intensität der Signale zugänglich.

Fotoplatten haben eine hohe Auflösung. Die Reproduzierbarkeit der Spektren hängt von der Qualität der Emulsion und von der Sorgfalt beim Entwickeln ab. Bei Registrierung mittels Fotoplatten können alle Signale des Spektrums gleichzeitig erfaßt werden. Eine solche Arbeitsweise ist besonders dann vorteilhaft, wenn infolge ungleichmäßiger Verdampfung der Probe Schwankungen im Ionenstrom auftreten oder wenn große Massenzahlbereiche registriert werden müssen.

2.4.2. *Faraday-Auffänger*

Im Faraday-Auffänger wird die Ladung der Ionen über einen hochohmigen Widerstand (10^9 bis $10^{11}\,\Omega$) abgeleitet. Der Spannungsabfall an diesem Widerstand ist dann ein Maß für die Intensität der vermessenen Ionen.

Mit dem Faraday-Auffänger erhält man für alle Ionen gut reproduzierbare Intensitätswerte, so daß er für quantitative Messungen angewendet wird. Als Nachteil erweisen sich die geringe Empfindlichkeit und die große Zeitkonstante. Das bedeutet, daß eine hohe Empfindlichkeit nur auf Kosten einer langen Meßzeit erreicht werden kann. Der FARADAY-Auffänger ist daher für schnelle Registrierungen, wie sie beim gekoppelten Einsatz von Gaschromatographie und Massenspektrometrie, vgl. 14., notwendig sind, nicht geeignet.

2.4.3. Sekundärelektronenvervielfacher

Der Sekundärelektronenvervielfacher arbeitet nach dem Verstärkerprinzip. Beim Auftreffen eines Ions auf die Dynode eines Sekundärelektronenvervielfachers werden mehrere Sekundärelektronen freigesetzt und zu einer weiteren Dynode hin beschleunigt. Dort setzt jedes Elektron wiederum mehrere Elektronen frei, die zur nächsten Dynode hin beschleunigt werden usw. Durch mehrmalige Wiederholung läßt sich ein Verstärkungseffekt von mehreren Zehnerpotenzen erreichen.

Empfindlichkeit und Schnelligkeit eines Sekundärelektronenvervielfachers sind gut. Veränderungen an den Oberflächen der Dynoden, z. B. durch reaktive Verbindungen, beeinträchtigen die Reproduzierbarkeit. Desweiteren ist der Verstärkungsfaktor von der Masse und der chemischen Natur der Ionen abhängig. Man nennt diese Erscheinung Massendiskriminierung.

Zur Registrierung der Signale müssen sowohl der Sekundärelektronenvervielfacher als auch der FARADAY-Auffänger über einen Verstärker an einen Schreiber gekoppelt werden.

2.4.4. Schreiber

Am häufigsten verwendet man Kompensationsschreiber und Lichtpunktschreiber (Galvanometerschreiber). Kompensationsschreiber sind nach dem Prinzip der Meßbrückenschaltung gebaut. Sie arbeiten langsam, weisen aber eine sehr gute Reproduzierbarkeit auf.

Bei Lichtpunktschreibern wird durch die verstärkte Spannung durch ein Spiegelgalvanometer angezeigt. Die Auslenkung des Lichtstrahles, meist verwendet man ultraviolettes Licht, wird auf lichtempfindlichem Papier registriert. Lichtpunktschreiber haben eine kleine Zeitkonstante und sind daher für eine schnelle Registrierung geeignet, vgl. 14. Die Reproduzierbarkeit ist bei Lichtpunktschreibern jedoch schlechter als bei Kompensationsschreibern.

2.5. Wichtige Geräteparameter

2.5.1. Auflösung

Die Auflösung wird in der Massenspektrometrie als die kleinste Massendifferenz Δm, die ein Ion der Masse m von einem Ion der Masse $m + \Delta m$ haben muß, damit es noch als getrenntes Signal registriert werden kann, bezeichnet.

$$A = \frac{m}{\Delta m} \tag{6}$$

A — Auflösung
m — Masse
Δm — Massendifferenz

Eine Auflösung von 1000 bedeutet demnach, daß ein Bruchstück der Masse 1000 von einem Bruchstück der Masse 1001 noch eindeutig getrennt wird. Die Trennung kann mehr oder weniger vollständig erfolgen und muß bei der Angabe der Auflösung genannt werden.

Vollständige Trennung, vgl. Abb. 8a, liegt vor, wenn das Tal zwischen den beiden Peaks die Grundlinie erreicht. Meist gibt man nicht die Auflösung bei vollständiger Trennung an, sondern für 10% Tal. Darunter versteht man die erreichte Auflösung, wenn das Tal zwischen den Peaks gleicher Intensität in 10% der Signalhöhe über der Grundlinie liegt, Abb. 8b. Sind die Signalmaxima noch voneinander zu unterscheiden, dann spricht man von brauchbarer Auflösung, Abb. 8c.

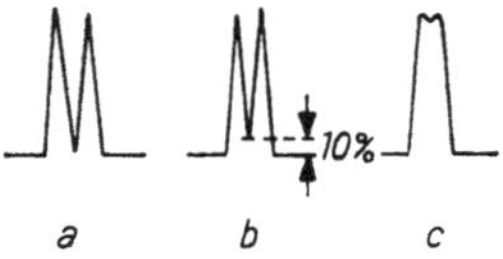

Abb. 8. Auflösung
a) vollständige Abtrennung
b) 10% Tal
c) brauchbare Auflösung

2.5.2. *Substanzbedarf*

Der Substanzbedarf für die Aufnahme eines Massenspektrums hängt einmal von der verwendeten Trenneinrichtung und zum anderen auch von der erreichten Auflösung und der Registriergeschwindigkeit ab. Tab. 1 gibt die erreichbaren Werte an und verdeutlicht den Zusammenhang zwischen diesen Größen.

Tabelle 1

Auflösung, Registrierzeit und Substanzbedarf für einige gebräuchliche Massenspektrometer

Massenspektrometer	Auflösung	Registrierzeit pro Massendekade in Sekunden	Substanzbedarf in Gramm
Sektorfeld-*MS*	$5 \cdot 10^3$	$6 \cdot 10^2$	$10^{-5}-10^{-6}$
	$5 \cdot 10^2$	1	$10^{-9}-10^{-10}$
Doppelfokussierende *MS*	$5 \cdot 10^4$	10^3	10^{-4}
Flugzeit-*MS*	$3 \cdot 10^2$	10^{-4}	$10^{-4}-10^{-10}$
Quadrupol-*MS*	10^3	10^{-1}	$10^{-4}-10^{-10}$

2.5.3. *Nachweisgrenze*

Die Massenspektrometrie ist auf Grund ihrer hohen Empfindlichkeit zur Erfassung von Spuren bis zum Verhältnis 10^{-9} (ppb-Bereich) anwendbar.

3. Technik der Auswertung von Massenspektren

Die Registrierung der Massenspektren erfolgt bei Anwendung eines Schreibers in zweidimensionaler Darstellung. Auf der Abzisse wird die Massenzahl *MZ*, das ist der Quotient aus Masse und Ladung (m/e), und auf der Ordinate die Intensität der Signale aufgetragen.

3.1. *Zuordnung der Massenzahlen*

Die Zuordnung der Massenzahlen erfolgt bei neueren Geräten durch eine automatische Massenmarkierung. Bei den herkömmlichen Massenspektrometern muß die Massenzuordnung durch Auszählen der Signale erfolgen. Man geht von einem oder mehreren Signalen, deren Massenzahl sich sicher zuordnen lassen, aus und zählt fortlaufend ab. Für die Massenspektren organischer Verbindungen sind die Signale 18 und 17 (Wasser und OH^+) und/oder 28 und 32 (Stickstoff und Sauerstoff aus der Luft), die in fast allen Spektren belegt sind, sowie vielfach auch das Signal 12 ($^{12}C^+$) als Orientierungssignale geeignet.

Das Abzählen ist so lange relativ problemlos wie alle Massenzahlen belegt sind. Schwierigkeiten treten bei der Überbrückung von Bereichen, in denen über mehrere Massenzahlen keine Signale vorhanden sind, auf. Ein Teil solcher Fehlstellen kann überbrückt werden, wenn das Spektrum noch einmal mit der höchsten Empfindlichkeit des Schreibers unter sonst gleichen Aufnahmebedingungen registriert wird, so daß auch Signale mit sehr kleiner Intensität noch aufgezeichnet werden. Derartige Spektren lassen sich als Zählspektren verwenden, wenn man sie an die auszuzählenden Spektren anlegt. Zählspektren kann man auch bei Zusatz eines inneren Standards zur Probe erhalten. Als innerer Standard eigenen sich Verbindungen, die linienreiche Massenspektren aufweisen. Für Massenzahlen von 100 bis etwa 750 wird meist Perfluorkerosin (*PFK*), vgl. Abb. 9, S. 28, verwendet.

Eine weitere, relativ einfache, Möglichkeit zur Überbrückung von Fehlstellen ist die Papierstreifen-Methode, vgl. Abb. 10. Man markiert die Abstände der Signale vor und nach der Fehlstelle auf je einem Papierstreifen. Danach werden beide Abstandsmarkierungen auf die Fehlstelle übertragen. Da die Massenzahlskala nicht linear ist, sind auf dem Papierstreifen die Abstände vor der Fehlstelle und nach der Fehlstelle nicht die gleichen. Erst die Mittelwerte geben etwa die richtigen Abstände wieder, vgl. Abb. 10. Die Papierstreifenmethode besticht durch ihre Einfachheit und führt bei Fehlstellen bis zu 12 Massenzahlen zu guten Ergebnissen.

3.2. Intensität der Signale in den Massenspektren

Die Intensität der Signale, die Signalhöhe, im Massenspektrum ist von einer Reihe von Faktoren abhängig:

- Von der Energie der Stoßelektronen. Hohe Elektronenenergie führt zu linienreichen Spektren, deren Signale meist eine geringe relative Intensität haben. Niedrige Elektronenenergie führt zu Spektren mit wenigen Linien von relativ hoher Intensität, wobei die Gesamtionenausbeute jedoch gering ist, vgl. Abb. 3.
- Von der Stärke des Elektronenstromes. Die Erhöhung der Elektronenstromstärke, die normalerweise zwischen 10 und 1000 μA liegt, zieht eine Erhöhung der Ionenquellentemperatur nach sich.
- Von der Temperatur. Thermisch angeregte Moleküle werden leichter gespalten als nicht angeregte.
- Von Massendiskriminierungseffekten, vgl. 2.4.3.
- Vom Partialdruck der Probe in der Ionenquelle

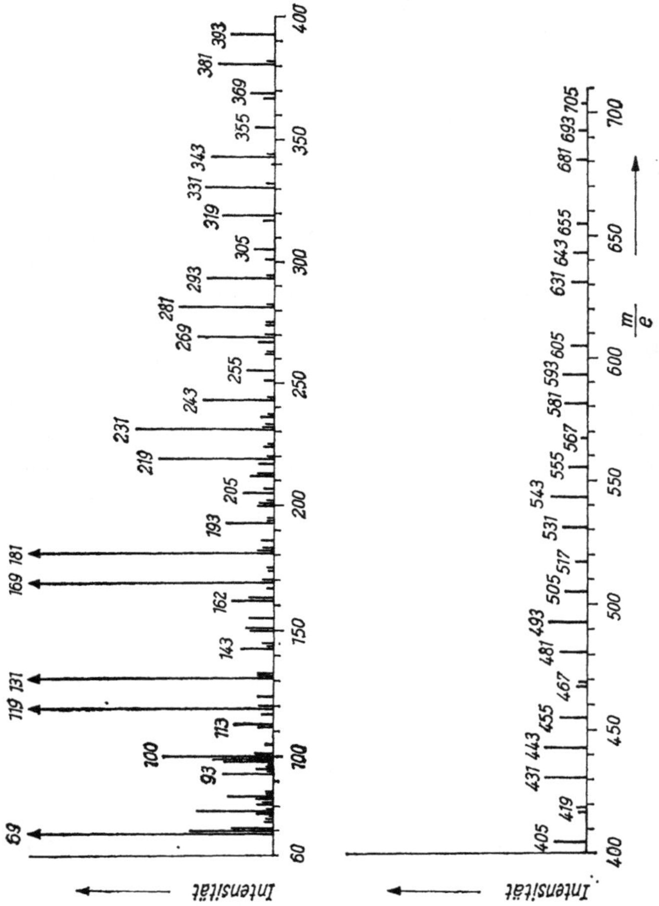

Abb. 9. 70 eV — Massenspektrum von Perfluorkerosin (*PFK*)

Die vielfältigen Möglichkeiten der Beeinflussung der Signalintensitäten in den Massenspektren haben zur Folge, daß eine gute Reproduzierbarkeit der Massenspektren nur dann möglich ist, wenn die Spektren unter genau denselben Aufnahmebedingungen und am gleichen Gerät aufgenommen werden. Für die qualitative Analyse werden Intensitätsschwankungen bis zu 5% in Kauf genommen. Für die quantitative Analyse, vgl. 11., ist eine Reproduzierbarkeit von ±1% absolut notwendig.

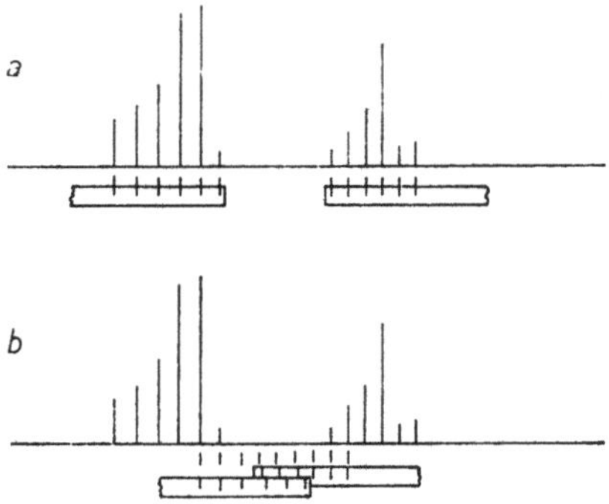

Abb. 10. Überbrückung von Fehlstellen mittels der Papierstreifenmethode
a) Übertragen der Signalabstände auf zwei Papierstreifen
b) Übertragen der Signalabstände von den Papierstreifen auf die Fehlstelle

3.3. *Wiedergabe der Massenspektren*

Die von Kompensationsschreibern registrierten Massenspektren sind im allgemeinen recht unhandlich. Die Lichtpunktschreiberspektren werden auf UV-lichtempfindlichem Papier aufgenommen und verblassen bei der Einwirkung von Tageslicht. Aus diesen Gründen ist es üblich, die Massenspektren zum Zwecke der Bearbeitung (Diskussion) und der Lagerung (Dokumentation) als Tabelle und als Strichspektrum wiederzugeben. Bei der Angabe der Massenspektren als Tabelle trägt man in die erste Spalte die Massenzahlen und in die zweite die dazugehörige Intensität ein, vgl. Tab. 2. Die gebräuchlichsten Intensitätsangaben sind Prozent vom Basispeak (% B) und Prozentsumme (% Σ_A). Zur Berechnung der Intensitätswerte in Prozent vom Basispeak wird die Höhe des intensivsten Signales willkürlich gleich 100% gesetzt und alle anderen Werte in Prozent von diesem Signal ausgedrückt. Bei der Angabe der Intensitäten als Prozentsumme bildet man die Summe aus den Höhen aller Signale und setzt diese Größe, den sogenannten Totalionenstrom, gleich 100%.

Die Intensitäten der einzelnen Signale werden dann als prozentualer Anteil vom Totalionenstrom (Prozentsumme) angegeben. Bei Massenspektren organischer Verbindungen treten im unteren Massenzahlbereich oft-

Tabelle 2

70 eV – Massenspektrum von Thiacyclohexan-3-on

MZ	% *B*	% Σ_{39}	*MZ*	% *B*	% Σ_{39}
39	27,9	3,7	60	90,7	12,0
40	46,8	6,2	61	43,9	5,8
41	33,7	4,6	62	5,7	0,7
42	68,8	9,1	63	2,4	0,3
43	16,0	2,1	68	6,1	0.8
45	49,0	6,5	69	4,5	0,6
46	64,1	8,5	70	13,1	1,7
47	27,0	3,4	71	3,5	0,5
48	3,4	0,4	72	0,7	0,1
49	2,4	0,3	73	13,0	1,7
50	1,4	0,2	74	3,9	0,5
51	1,5	0,2	775	1,4	0,2
52	1,1	0,1	88	1,9	0,3
53	2,4	0,3	86	0,9	0,1
54	4,5	0,6	87	10,4	1,4
55	45,6	6,0	88	16,0	2,1
56	1,9	0,2	89	1,6	0,2
57	5,4	0,7	116	100	13,5
58	5,7	0,7	117	6,1	0,8
59	16,5	2,2	118	4,2	0,6

mals Signale von Verunreinigungen (z. B. Wasser, Luft u. a.) auf. Man beginnt daher mit der Summenbildung für die Berechnung % Totalionenstrom vielfach erst mit dem Signal der Massenzahl 39 oder 41 und kennzeichnet dies, indem man den Anfangswert als Index unter das Summenzeichen schreibt, z. B. $\% \Sigma_{39}$. Die Wieder-

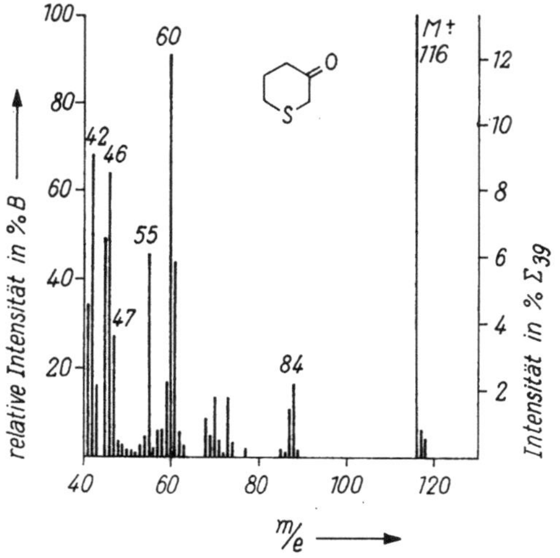

Abb. 11. 70 eV — Massenspektrum von Thiacyclohexan-3-on

gabe der Intensitäten in Prozent vom Basispeak eignet sich zur Abschätzung des Anteiles verschiedener Fragmentierungswege eines Moleküls. Für den Vergleich von Fragmentierungsverläufen in verschiedenen Verbindungen jedoch nicht, da eine Überbewertung der Intensitäten einzelner Signale auftritt, was bei der Angabe als Prozentsumme nicht der Fall ist. Deutlich wird dies z. B. an den 70 eV-Spektren des Thiacyclohexan-3-ons, vgl. Abb. 11, und des Thiacyclohexan-4-ons, vgl. Abb. 12. Der Molekülionenpeak ist in beiden Spektren der intensivste Peak, die Intensität wird 100% gesetzt. Sein Anteil am Totalionenstrom beträgt jedoch im 3-Keton nur 13,5%, während er im 4-Keton 23,0% ist. Noch deutlicher sind die Unterschiede beider Darstellungsweisen an den Intensitätswerten für den Peak mit der Massenzahl 60 zu erkennen. Die Intensität dieses Fragmentes beträgt im Thiacycohexan-3-on 90,7% *B* bzw. 12,0%

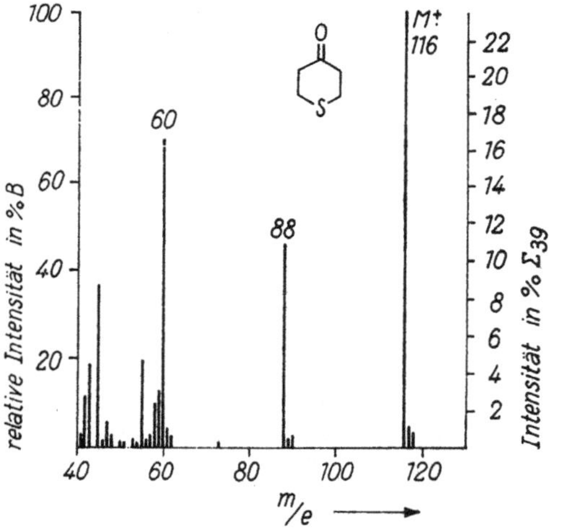

Abb. 12. 70 eV – Massenspektrum von Thiacyclohexan-4-on

(bezogen auf $\sum_{39}$), und im Thiacyclohexan-4-on liegen die Werte bei 70% *B* bzw. bei 17% (bezogen auf $\sum_{39}$). Daraus folgt, daß sich die Intensitätsverhältnisse umkehren.

Die Darstellung der Massenspektren als Tabelle ist einfach und sehr exakt, da die Intensitätswerte, unter Beachtung der erreichbaren Meßgenauigkeit, beliebig genau angegeben werden können. Allerdings ist die tabellarische Darstellung wenig übersichtlich, so daß z. B. das Aufsuchen von Zerfallswegen erschwert wird.

Wesentlich übersichtlicher als die tabellarische Wiedergabe ist die Angabe als Strichspektrum. Hierbei zeichnet man das Massenspektrum, vorteilhafterweise auf Millimeterpapier, in analoger Weise zum Schreiberspektrum auf. Die Massenzahlskala wird dabei linearisiert und die Intensitäten werden in % B oder in % Σ angegeben, vgl. linke bzw. rechte Ordinatenteilung in Abb. 11 und Abb. 12. Für quantitative Auswertungen ist die Darstellung als Strichspektrum nicht ausreichend. Peaks kleiner Intensität, die oftmals für die Auswertung notwendig sind, lassen sich nicht oder zumindest nur sehr ungenau darstellen. Daher werden in solchen Fällen entweder die Intensitätswerte im logarithmischen Maßstab aufgetragen, vgl. Abb. 13, oder es werden Spektrenausschnitte vergrößert dargestellt. Bei letzterer Darstellungsweise hat es sich eingebürgert, den Vergrößerungsfaktor über einer Hilfslinie ins Spektrum einzutragen. Die Kennzeichnung $\times$ 10 bedeutet, daß die Intensitätswerte zehnfach vergrößert dargestellt sind, vgl. z. B. die $[M+1]^+$-Peaks in Abb. 14, S 37.

4. Arten von Ionen

Wie bereits erwähnt, vgl. 2.2.1., ist die grundlegende Reaktion in einem Elektronenstoßmassenspektrometer:

$$M + e \longrightarrow M^{+\cdot} + 2e$$

Die Ionisierung eines Moleküls dauert etwa 10^{-16} Sekunden. Für den Weg von der Ionenquelle bis zum Auffänger braucht ein Teilchen etwa 10^{-5} Sekunden. In dieser Zeit zerfällt das gebildete Molekülion teilweise unter Abspaltung von Radikalen und/oder Neutralteilen in Fragmentionen, die ebenfalls vom Auffänger registriert werden.

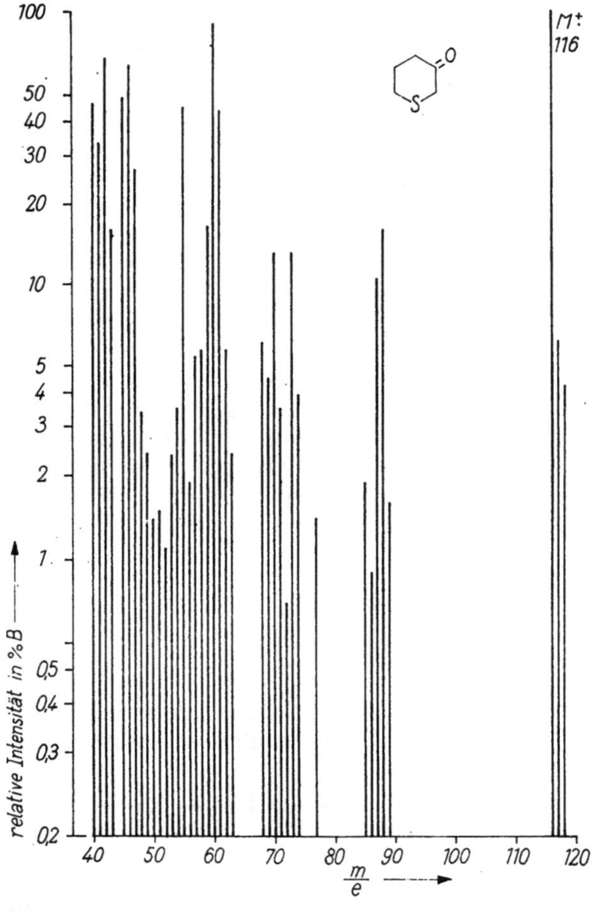

Abb. 13. 70 eV — **Massenspektrum von Thiacyclohexan-3-on**
Ordinate mit logarithmischer Einteilung

4.1. Molekülionen

Molekülionen entstehen durch Abgabe eines Elektrons aus einem Molekül. Als Symbol wird hierfür $M^{+\cdot}$ verwendet. Das Molekülion wird also als Radikalkation formuliert. Zum Erkennen eines Molekülions im Massenspektrum sollen folgende Kriterien dienen [7]:

- Das Molekülion ist das Ion mit der höchsten Massenzahl und mit dem niedrigsten Auftrittspotential.
- Das Molekülion muß alle Elemente enthalten, die auch in den Fragmenten vorkommen.
- Zwischen der Massenzahl des Molekülions und den Massenzahlen aller Fragmentionen müssen sich sinnvolle Differenzen bilden lassen, vgl. 8.5.2.
- Die Intensität eines Molekülionenpeaks und die Intensitäten der zu ihm gehörenden Fragmentionenpeaks sind dem Probendruck direkt proportional.

Der Molekülionenpeak gibt die Molmasse an, vgl. 8.2.

Da die meisten Elemente aus Isotopen bestehen, deren Massen sich um eine oder mehrere Masseneinheiten unterscheiden, findet man in den Massenspektren vieler Verbindungen mehrere Molekülionenpeaks. Die Intensitäten dieser Peaks ist durch die natürliche Häufigkeitsverteilung der einzelnen Isotope der betreffenden Elemente vorgegeben. In Tab. 3 sind die Häufigkeitsverteilungen der Isotope einiger für die Untersuchung organischer Verbindungen wichtiger Elemente angegeben.

Aus den niedrigen Intensitätswerten für die Isotopenpeaks der Elemente Wasserstoff, Stickstoff und Sauerstoff geht hervor, daß diese Peaks in den Massenspektren kaum in Erscheinung treten werden. Sehr charakteristisch sind dagegen die Häufigkeitsverteilungen für die Elemente Kohlenstoff, Schwefel, Chlor und Brom. Die Angabe von nur einem Intensitätswert für Fluor, Phosphor und Jod bedeutet, daß diese Elemente nur aus einem stabilen Isotop bestehen. Die Kenntnis der charakteristischen Häufigkeitsverteilungen läßt sich in relativ

Tabelle 3

Masse und relative Häufigkeit wichtiger Elemente und ihrer natürlich vorkommenden Isotope

Isotop	Masse	relative Häufigkeit
^{1}H	1,0078	100
^{2}H	2,0141	0,015
^{10}B	10,0129	24,688
^{11}B	11,0093	100
^{12}C	12,0000	100
^{13}C	13,0034	1,12
^{14}N	14,0031	100
^{15}N	15,0001	0,366
^{16}O	15,9949	100
^{17}O	16,9991	0,037
^{18}O	17,9992	0,240
^{19}F	18,9984	100
^{28}Si	27,9769	100
^{29}Si	28,9765	5,110
^{30}Si	29,9738	3,385
^{31}P	30,9738	100
^{32}S	31,9721	100
^{33}S	32,9715	0,789
^{34}S	33,9679	4,433
^{36}S	35,9677	0,018
^{35}Cl	34,9689	100
^{37}Cl	36,9659	32,399
^{79}Br	78,9183	100
^{81}Br	80,9163	97,940
^{127}J	126,9044	100

einfacher Weise zur Abschätzung der Anzahl der C-Atome sowie bei Anwesenheit von Heteroatomen auch zur Abschätzung der Elementarzusammensetzung ausnutzen. Für eine Verbindung mit einem C-Atom, z. B. Methan, sind entsprechend Tab. 3 die relativen Intensitäten von M^{+} und $[M+1]^{+}$ 100% bzw. 1,1%, vgl. Abb. 14a.

Enthält eine Verbindung zwei C-Atome, z. B. Äthan, so sind folgende Kombinationen möglich:

$^{12}CH_3-{}^{12}CH_3$	$^{13}CH_3-{}^{12}CH_3$
MZ 30	*MZ* 31
$^{12}CH_3-{}^{13}CH_3$	$^{13}CH_3-{}^{13}CH_3$
MZ 31	*MZ* 32

Die Intensitätswerte von M^{+}, $[M+1]^{+}$ und $[M+2]^{+}$ sind dann 100%, 2,2% bzw. 0,01%, vgl. Abb. 14b. Die Intensität des $[M+1]^{+}$-Peaks ist im Äthan, das zwei C-Atome enthält, also doppelt so groß wie im Methan, das nur ein C-Atom enthält. Bei Verbindungen mit drei C-Atomen hat er eine dreifache Intensität usw.

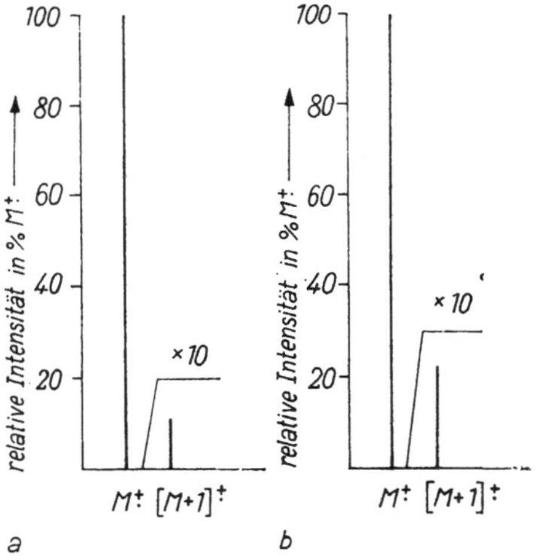

Abb. 14. Relative Intensitäten von M^{+} und $[M+1]^{+}$ in
a) Methan
b) Äthan

Dieser Zusammenhang läßt sich zur Abschätzung der maximal in einem Molekül enthaltenen C-Atome heranziehen. Sind beispielsweise die Intensitätswerte für $M^{+\cdot}$ und $[M+1]^{+\cdot}$ 100% und 5,8%, so können in dieser Verbindung maximal 5,8 : 1,1 = 5 C-Atome enthalten sein.

In ähnlicher Weise lassen sich auch Aussagen über die Anzahl der Heteroatome in einer Verbindung gewinnen. Für Dibrommethan sind folgende Kombinationen der isotopen Bromatome möglich:

$^{79}Br-CH_2-{}^{79}Br$	$^{81}Br-CH_2-{}^{79}Br$
MZ 172	*MZ* 174
$^{79}Br-CH_2-{}^{81}Br$	$^{81}Br-CH_2-{}^{81}Br$
MZ 174	*MZ* 176

Man findet demzufolge für $M^{+\cdot}$, $[M+2]^{+\cdot}$ und $[M+4]^{+\cdot}$ Signale, deren Intensitäten sich wie 1 : 2 : 1 verhalten. Die Häufigkeitsverteilung läßt sich nach folgender Formel vorausberechnen:

$$(a + b)^n \qquad (7)$$

a — Intensität des leichten Isotops
b — Intensität des schweren Isotops
n — Anzahl der betreffenden Atome im Molekül

Für die beiden Bromisotope verhalten sich die Intensitätswerte *a* und *b* wie eins zu eins. Somit ergibt sich für Dibrommethan

$$(1 + 1)^2 = 1 + 2 + 1$$

Nach dieser Formel sind auch die in Abb. 15 angegebenen Isotopenverteilungsbilder für die Chlor-, Brom- und Schwefelisotope berechnet.

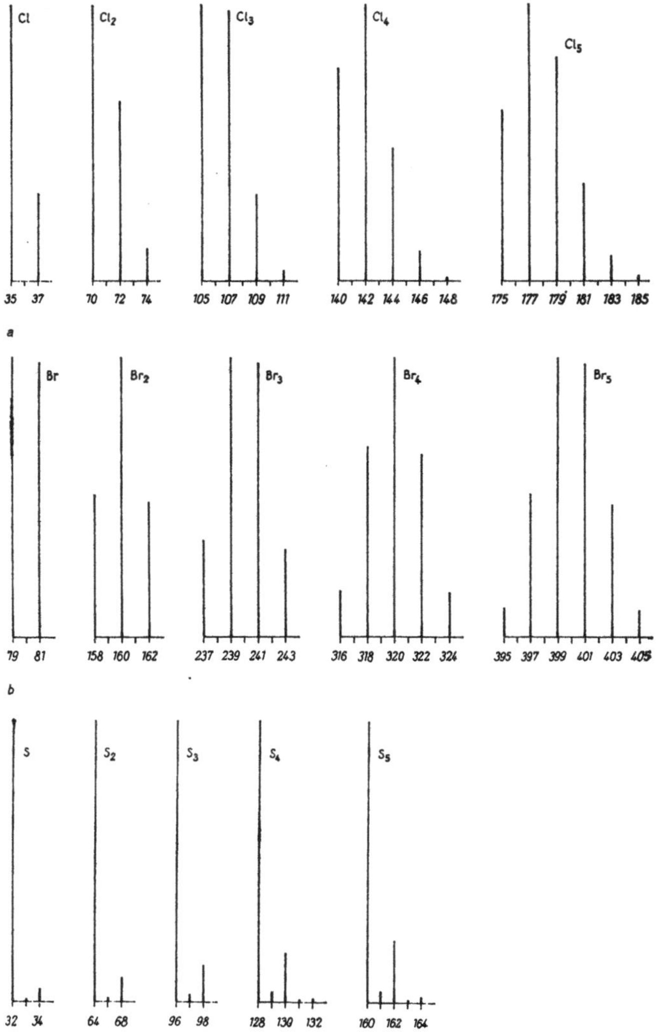

Abb. 15. Isotopenverteilungsbilder

a) Cl bis Cl_5

b) Br bis Br_5

c) S bis S_5

Enthält ein Verbindung verschiedene derartige Heteroatome, so läßt sich die Isotopenverteilung nach Gleichung (8) berechnen:

$$(a + b)^n \cdot (c + d)^m \tag{8}$$

a — Intensität des leichten Isotops des Atoms 1
b — Intensität des schweren Isotops des Atoms 1
c — Intensität des leichten Isotops des Atoms 2
d — Intensität des schweren Isotops des Atoms 2
n — Anzahl der Atome des Atoms 1
m — Anzahl der Atome des Atoms 2

Für eine Verbindung, die ein Chlor- und ein Bromatom enthält, ergibt sich beispielsweise:

$$(3 + 1)^1 \cdot (1 + 1)^1 = \underset{M^{+\cdot}}{3} + \underbrace{1 + 3}_{[M+2]^{+\cdot}} + \underset{[M+4]^{+\cdot}}{1}$$

Das bedeutet, daß sich die Intensitäten von $M^{+\cdot}$, $[M+2]^{+\cdot}$ und $[M+4]^{+\cdot}$ wie 3 zu 4 zu 1 verhalten.

Zur Berechnung der Isotopenverteilungsbilder gibt es auch Rechenprogramme [8]. Es soll bereits an dieser Stelle darauf hingewiesen werden, daß die Isotopenverteilungsbilder auch für Fragmentionen mit entsprechender Zusammensetzung gelten.

Die Molekülionenpeaks der meisten organischen Verbindungen liegen bei geradzahligen Massenzahlen. Lediglich wenn eine Verbindung eine ungeradzahlige Anzahl von Stickstoffatomen enthält, liegt der Molekülionenpeak bei einer ungeradzahligen Massenzahl. Dieser Sachverhalt ist allgemein als Stickstoffregel bekannt geworden, vgl. auch 8.3.

4.2. Fragmentionen

Fragmentionen entstehen aus Molekülionen durch Abspaltung von Radikalen oder Neutralteilen. Fragmentionen können in gleicher Weise durch Abspaltung von Radikalen oder Neutralteilen in Fragmentionen mit kleinerer Massenzahl weiter zerfallen. Man nennt den Zerfall von Ionen in kleinere Bruchstücke unter massenspektrometrischen Bedingungen massenspektrometrische Fragmentierung.

Bei der massenspektrometrischen Fragmentierung von Isobutanol werden z. B. durch Abspaltung eines Methylradikals aus dem Molekülion (*MZ* 74) das Fragmention 59 und durch Abspaltung des Neutralteils Wasser das Fragmention 56 gebildet:

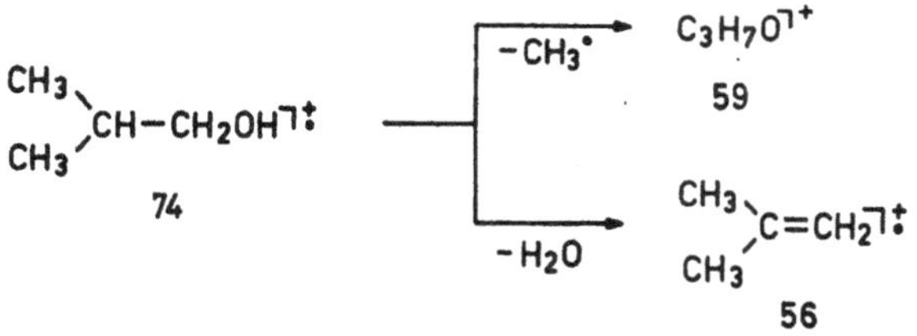

Das erstere Fragmention ist ein Kation, das letztere ein Radikalkation. Fragmentionen können ebenso wie die Molekülionen bei geradzahligen oder bei ungeradzahligen Massenzahlen liegen. Bei stickstofffreien Verbindungen geben Fragmentionen mit geraden Massenzahlen einen Hinweis auf Umlagerungen, vgl. 6.3.

In der Elektronenstoßmassenspektrometrie werden meist Energien von 70 eV angewendet, das sind 6754,5 kJ mol^{-1}. Nimmt man als mittlere Bindungsenergie für eine chemische Bindung etwa 400 kJ an, so bedeutet das, daß die Energie der Stoßelektronen etwa 17mal größer als die Bindungsenergie ist. Man sollte daher erwarten, daß alle Bindungen in einem Molekülion nach den Gesetzen der Statistik gespalten werden. Die Praxis zeigt jedoch, daß einige Bindungen stets bevorzugt aufgebrochen werden. Zur Erklärung dieser Tatsache sind eine Reihe von Theorien ausgearbeitet worden, vgl. 5.

4.3. Metastabile Ionen

Metastabile Ionen entstehen beim Zerfall von Ionen während oder nach der Beschleunigung. Da die Massen solcher Ionen in der Beschleunigungsstufe und in der Massentrennstufe unterschiedlich sind, erfüllen sie Gleichung (5) nicht. Metastabile Ionen werden im Massenspektrum als metastabile Peaks registriert, die auf Grund ihrer bandenförmigen Gestalt auffallen, vgl. Abb. 16.

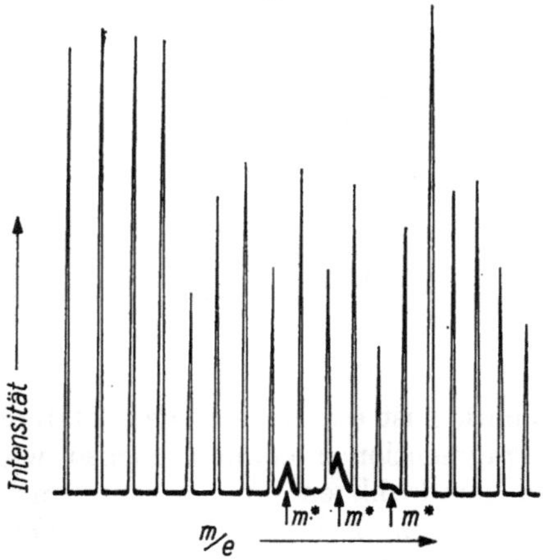

Abb. 16. Ausschnitt aus einem Massenspektrum mit metastabilen Peaks (m^*)

Sie erscheinen weder bei der Massenzahl des zerfallenden Ions noch bei der Massenzahl des entstehenden Bruchstückes. Die Lage des Maximums eines metastabilen Peaks läßt sich durch folgende Gleichung (9) berechnen:

$$m^* = \frac{m_2^2}{m_1} \qquad (9)$$

m^* — Massenzahl des metastabilen Peaks
m_1 — Massenzahl des Ausgangsions
m_2 — Massenzahl des entstehenden Ions

Die Kenntnis dieses Zusammenhanges läßt sich zur Verifizierung bestimmter Zerfallsschritte heranziehen.

Die Anwesenheit eines metastabilen Peaks gilt als direkter Beweis, daß ein Fragment der Massenzahl m_2 unmittelbar aus dem Fragment der Massenzahl m_1 entstanden ist. Die Abwesenheit von m^* dagegen bedeutet nicht, daß der postulierte Zerfall nicht stattfindet, da metastabile Peaks meist von nur geringer Intensität sind und oftmals nur bei hoher Empfindlickeit des Gerätes (hoher Elektronenstrom, hohe Verstärkung und relativ hoher Probendruck) sichtbar werden.

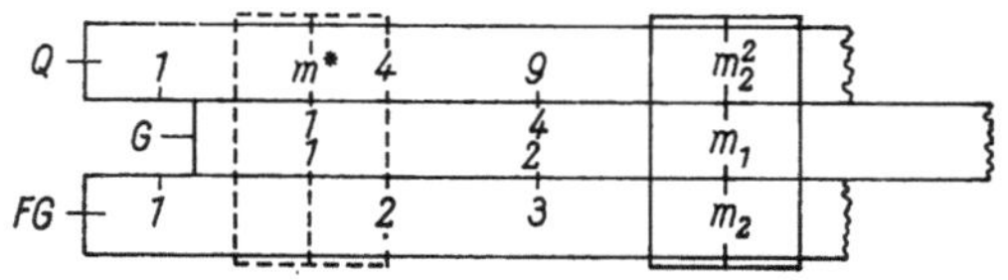

Abb. 17. Rechenschiebereinstellung für die Berechnung metastabiler Übergänge
Q — Quadratskala
G — Grundskala auf Zunge
FG — Fixe Grundskala

Die Berechnung der metastabilen Übergänge kann auf einfache Weise mittels eines Rechenschiebers erfolgen, der eine Quadratskala hat, vgl. Abb. 17. Man sucht den Wert für die Massenzahl des Ions m_2 auf der fixen Grundskala, dann ist der entsprechende Wert für m_2^2 sofort auf der fixen Quadratskala ersichtlich. Nun schiebt man den Wert für m_1 auf der Zunge des Rechenschiebers unter m_2^2 und kann dann über dem Zungenanfang auf der Quadratskala sofort m^* ablesen. Die Zuordnung metastabiler Übergänge erfolgt in umgekehrter Reihenfolge. Man stellt die Zungenspitze des Rechenschiebers unter m^*, dessen Wert man auf der Quadratskala aufgesucht hat.

Alle Wertpaare, die sich auf der Quadratskala der Zunge und der fixen Grundskala gegenüberstehen, erfüllen dann Gleichung (9). Die Auswahl des richtigen Wertepaares ist für eine bestimmte Verbindung meist recht einfach, da nur wenige Übergänge wirklich sinnvoll sind. Zur Zuordnung von metastabilen Peaks sind auch Tabellenbücher herausgegeben worden [9].

In neuerer Zeit gewinnen spezielle Techniken der Aufnahme und Interpretation von Massenspektren zunehmend an Bedeutung, die auf der Erfassung metastabiler Peaks beruhen. Die Anwendung dieser Methoden ist jedoch an doppelfokussierenden Massenspektrometer gebunden, vgl. z. B. [10a].

4.4. Mehrfach geladene Ionen

Beim Zusammenstoß der energiereichen Elektronen mit dem Molekül können auch zwei oder mehrere Elektronen herausgeschlagen werden. Da vom Massenspektrometer nicht die Masse, sondern m/e registriert wird, sind die Signale mehrfach geladener Ionen bei $m/2$, $m/3$ usw. zu finden. Die Signale doppelt geladener Ionen ungerader Massenzahl erscheinen dann bei halben Massenzahlen und sind im Spektrum gut zu sehen. Die entsprechenden Ionen gerader Massenzahl erscheinen bei ganzen Massenzahlen. Ihre Unterscheidung von einem einfachen Fragmention ist bei genügender Intensität unter Zuhilfenahme des entsprechenden ^{13}C-Isotopensignales möglich, das dann eine halbe Masseneinheit daneben liegt und zur Abschätzung der C-Zahl gemäß 4.1. herangezogen werden kann.

Doppelt und mehrfach positiv geladene Ionen treten vor allem in den Massenspektren von Verbindungen auf, die benzoide Ringe oder Heteroatome enthalten, während sie in den Massenspektren von Alkanen kaum zu finden sind.

Nach Seibl [7] wächst die Häufigkeit der Bildung von doppelt geladenen Ionen in nachstehender Reihenfolge:

Alkane < *Alkylamine* < *Alkene* < *Polyene* < *Arene* < *benzoide N-haltige Verbindungen*

4.5. $[M+1]^{+\cdot}$-*Ionen*

Beim Zusammenstoß eines Molekülions mit einem Neutralmolekül kann letzterem ein Wasserstoff entrissen werden und ein $[M+1]^+$-Ion entstehen.

$$R{-}NH_2]^{+\cdot} \; + \; R{-}NH_2 \; \longrightarrow \; R{-}NH_3]^{+} \; + \; R{-}NH]^{\cdot}$$

Mit zunehmenden Gasdruck nehmen derartige Reaktionen naturgemäß zu. Sie treten besonders bei Verbindungen, die Atome mit freien Elektronenpaaren besitzen, also z. B. bei Carbonsäureestern, Carbonsäuren, Alkoholen, Aminen, Nitrilen, Aminoalkoholen und Aminosäureestern, auf.

Peaks der Massenzahl $[M+1]^+$ erscheinen an derselben Stelle wie die Peaks der ^{13}C-isotopen Molekülionen. Damit wird beim Auftreten solcher Ionen die im Abschnitt 4.1. beschriebene C-Zahl-Bestimmung nur sinnvoll, wenn man die bestimmte C-Zahl als Maximalwert auffaßt.

$[M+1]^+$-Peaks und ^{13}C-Molekülionenpeaks können durch die Aufnahme mehrerer Spektren bei unterschiedlichem Probendruck unterschieden werden. Die Bildung von $[M+1]^+$-Ionen ist eine bimolekulare Reaktion. Die Intensität des $[M+1]^+$-Signales wächst daher proportional dem Quadrat des Druckes in der Ionenquelle. Die ^{13}C-Isotopenpeaks entstehen wie auch alle anderen Ionen durch monomolekulare Zerfallsreaktionen. Die Intensität dieser Signale ist daher dem Druck direkt proportional.

5. Theoretische Deutung der Bruchstückbildung

Zur Deutung der massenspektrometrischen Abbaureaktionen wurden verschiedene theoretische Konzeptionen entwickelt, die aber meist nur für bestimmte

Teilgebiete anwendbar sind. Eine umfassende Theorie, die auf alle Verbindungsklassen angewendet werden kann, liegt gegenwärtig (noch) nicht vor.

5.1. Quasi-Gleichgewichtstheorie

Die Quasi-Gleichgewichtstheorie [10] ist bisher die einzige vorliegende Theorie, die quantitative Aussagen über den Abbau des Molekülions zuläßt.

Grundlage der Quasi-Gleichgewichtstheorie ist die Tatsache, daß die Geschwindigkeit einer monomolekularen Zerfallsreaktion sowohl von der Aktivierungsenthalpie E_0 der Reaktion als auch von der Inneren Energie des Moleküls abhängt. Die dem Molekül durch die Stoßionen zugeführte Energie wird auf alle Schwingungsfreiheitsgrade verteilt. Dabei ist die Geschwindigkeit der Verteilung wesentlich größer als die des Zerfalls. Das heißt, es stellt sich im Molekül eine Quasi-Gleichgewichtsverteilung der Zustände ein, die mit statistischen Methoden beschrieben werden kann.

Für die Geschwindigkeit k der Zerfallsreaktion gilt dann vereinfacht:

$$k = \gamma \left(\frac{E - E_0}{E} \right)^{N-1} \tag{10}$$

γ — Frequenzfaktor
E — überschüssige Innere Energie des Ions
E_0 — Aktivierungsenthalpie des Ions
N — Zahl der Schwingungsfreiheitsgrade

Der Frequenzfaktor entspricht etwa der Entropie der Zerfallsreaktion. Er kann für einfache Verbindungen aus IR-Daten entnommen werden.

Aus der Quasi-Gleichgewichtstheorie lassen sich folgende wesentlichen Schlußfolgerungen ableiten:

— Je größer die bei der Ionisation übertragene Energie ist, umso schneller zerfällt das Ion,

– für zwei miteinander konkurrierende Zerfallswege mit gleicher Aktivierungsenthalpie sind die Geschwindigkeitskonstanten den Frequenzfaktoren proportional

$$\frac{k_1}{k_2} = \frac{\nu_1}{\gamma_2} \tag{11}$$

– bei gleichen Frequenzfaktoren sind die Geschwindigkeitskonstanten der jeweiligen Aktivierungsenthalpie proportional,
– die Geschwindigkeit der Umlagerungsreaktionen nimmt im Vergleich zu der der Bindungsspaltungsreaktionen bei Verringerung der überschüssigen Inneren Energie zu.

Voraussetzung für die Berechnung des Fragmentierungsverhaltens eines Moleküls mit Hilfe der Quasi-Gleichgewichtstheorie ist die Kenntnis von Daten, die aus der Schwingungsanalyse gewonnen werden müssen. Der notwendige Rechenaufwand ist nur von Großrechnern zu bewältigen.

Die Quasi-Gleichgewichtstheorie konnte zur Berechnung der Intensität des Molekülionenpeaks und der Fragmentionenpeaks kurzkettiger Alkane mit Erfolg angewendet werden. Bei der Interpretation der Massenspektren langkettiger Alkane und substituierter Alkane liefert sie jedoch keine befriedigenden Ergebnisse.

5.2. Physikalisch-chemische Theorie

Die physikalisch-chemische Theorie [11] geht davon aus, daß der Zerfall der Molekülionen vorwiegend so verläuft, daß entweder relativ energiearme Fragmente entstehen oder energiearme Neutralteile abgespalten werden. Beispiele für energiearme Fragmente sind sekundäre oder tertiäre Carboniumionen bei Alkanen, vgl. 6.1.1., mesomeriestabilisierte Oniumionen, vgl. 6.1.3., Tropyliumkationen bei Alkylbenzolen, vgl. 6.1.4., u. a. und für energiearme Neutralteile Äthen, Äthin, Kohlenmonoxid, Cyanwasserstoff, Keten u. a. Die Stabilität der Zwischen- und Endprodukte der Zerfallsreaktionen steuert demnach die Richtung der ablaufenden Zerfallsreaktionen.

Die physikalisch-chemische Theorie gestattet gegenüber der Quasi-Gleichgewichtstheorie nur qualitative Aussagen. Sie liefert jedoch auch bei der Interpretation der Massenspektren relativ komplizierter Verbindungen gute Ergebnisse.

5.3. Konzept der lokalisierten Ladung

Das Konzept der lokalisierten Ladung [12] postuliert, daß sich nach der Ionisierung des Moleküls die Ladung an einer bestimmten Stelle, wenn vorhanden an einem Heteroatom, befindet. Ausgehend von diesem Ladungszentrum erfolgt dann die Spaltung der benachbarten Bindungen. Diese Betrachtungsweise ist besonders für die Abschätzung des Fragmentierungsverlaufes in Aminoverbindungen, Äthern, Carbonylverbindungen, Sulfiden u. a. wertvoll. So konnten z. B. die Stabilitäten verschiedener Oniumionen, vgl. 6.1.3., abgeschätzt werden.

Die theoretische Fundierung des Konzeptes der lokalisierten Ladung und auch der physikalisch-chemischen Theorie ist umstritten [13].

Der praktische Wert beider Theorie für die Interpretation von Massenspektren wird besonders dann deutlich, wenn es um die Entscheidung zwischen Alternativstrukturen geht.

Auf jeden Fall ist es günstig, wenn man Fragmentierungsabläufe, die sich auf diese Theorien stützen, nicht kritiklos aus der Literatur übernimmt.

6. Zusammenhang von Struktur und Massenspektrum

Die gegenwärtig vorliegenden theoretischen Konzeptionen sind kaum eine Hilfe für die Interpretation von Massenspektren. Man hat daher versucht, ähnlich wie in der Infrarot-, in der Ultraviolett- und in der Kernresonanzspektrometrie nach Vorliegen einer großen Anzahl von Spektren, auf empirischem Wege Zusammenhänge zwischen dem massenspektrometrischen Fragmentierungsverhalten und der Struktur zu finden. Durch die massenspektrometrische Untersuchung von Verbindungen homologer Reihen konnten Rückschlüsse auf das Fragmentierungsverhalten einzelner Verbindungsklassen gezogen werden. Dabei wurde gefunden, daß viele aus der organischen Chemie bekannte Reaktionen auch bei der massenspektrometrischen Fragmentierung ablaufen.

Die Systematisierung der wichtigsten Fragmentierungen wird auf verschiedene Weise vorgenommen [14, 15, 16]. In der vorliegenden Arbeit sollen folgende Arten der Bruchstückbildung unterschieden werden:

— **Bruchstückbildung durch Spaltung einer Bindung**
— **Bruchstückbildung durch Spaltung mehrerer Bindungen**
— **Bruchstückbildung nach Umlagerung**

6.1. *Bruchstückbildung durch Spaltung einer Bindung*

6.1.1. *Alkylspaltung*

$$CH_3-(CH_2)_n \mid CH_2-CH_3]^{+\cdot} \longrightarrow CH_3-(CH_2)_n]^{+} + CH_3CH_2^{\cdot}$$

$$CH_3-(CH_2)_n \mid X]^{+\cdot} \longrightarrow CH_3-(CH_2)_n]^{+} + X^{\cdot}$$

X = Halogen, OH, OR, SH,...

Akylspaltungen treten bei Alkanen, vgl. Abb. 18, und Verbindungen mit relativ großem Alkylrest sowie bei Alkylhalogeniden, Alkanolen, Äthern und Thioäthern auf. Verzweigte Alkane werden bevorzugt an der Verzweigungsstelle gespalten, da die Stabilität der entstehenden Carboniumionen in nachstehender Reihenfolge zunimmt:

primär < *sekundär* < *tertiär*

Daher ist sowohl im Massenspektrum des 2-Methylheptans, Abb. 18, als auch im Massenspektrum des 2-Chlorpropans, Abb. 19, das Isopropylkation mit der Massenzahl 43 der intensivste Peak im Spektrum.

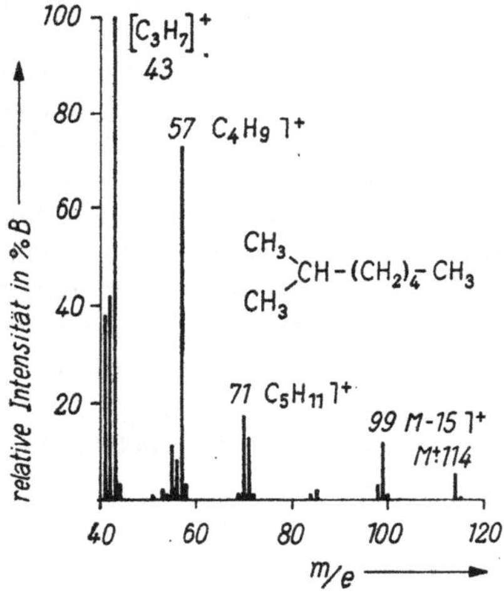

Abb. 18. 70 eV – Massenspektrum von 2-Methylheptan

6.1.2. *Allylspaltung*

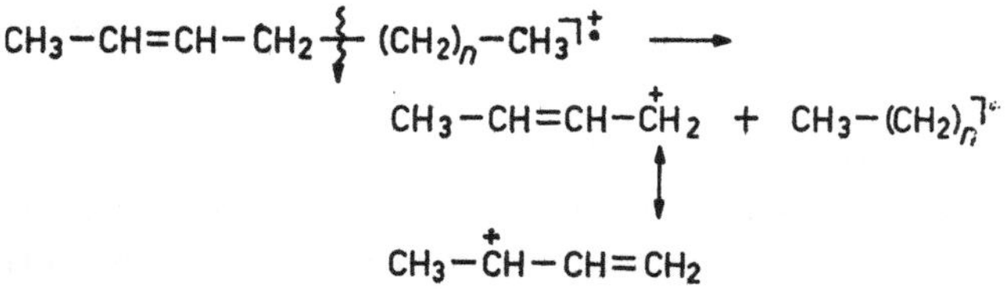

Verbindungen mit olefinischen Doppelbindungen bilden bei der massenspektrometrischen Fragmentierung bevorzugt Allylkationen. Auf Grund dieser Allylspaltung findet man im Massenspektrum des 1-Octens, Abb. 20, einen intensiven Peak mit der Massenzahl 41, der durch das mesomeriestabilisierte Allylkation hervorgerufen wird.

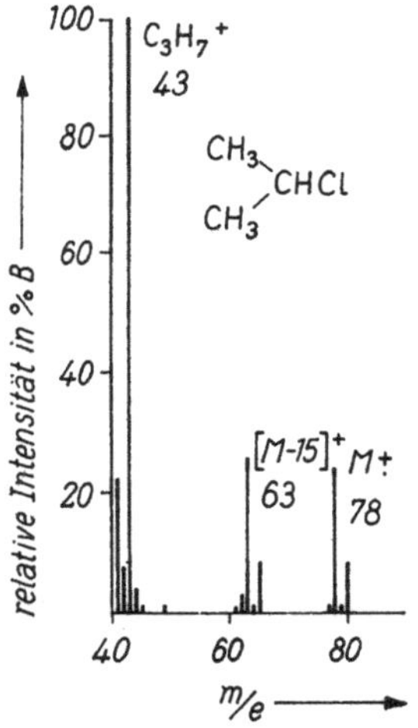

Abb. 19. 70 eV — Massenspektrum von 2-Chlorpropan

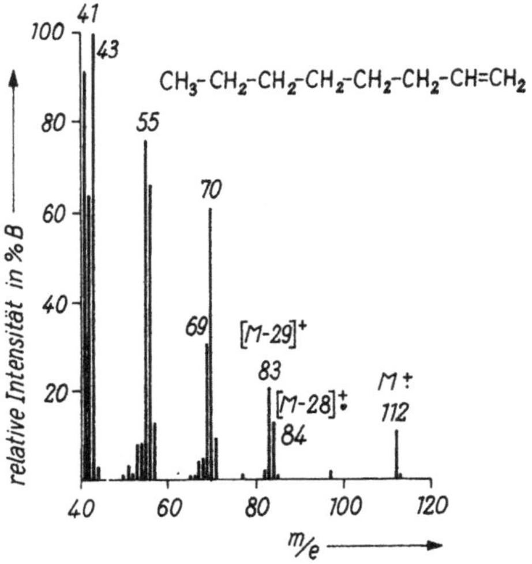

Abb. 20. 70 eV — Massenspektrum von 1-Octen

6.1.3. Oniumspaltung

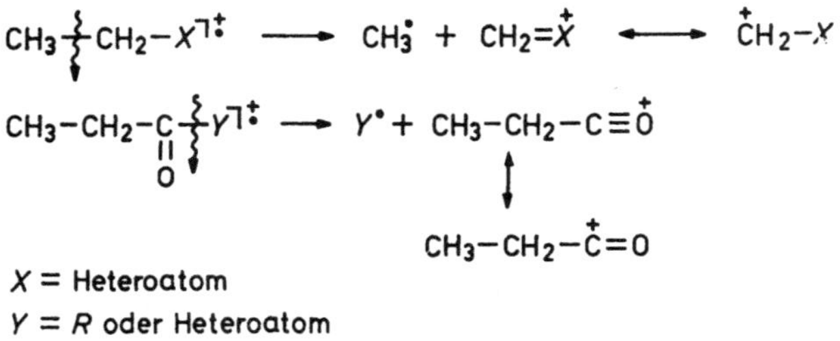

In Verbindungen mit Heteroatomen *X* erfolgt außer der Alkylspaltung häufig Bindungsspaltung an der dem Heteroatom benachbarten C—C-Bindung, weil dabei mesomeriestabilisierte Oniumionen entstehen.

Man nennt diese Reaktion Oniumspaltung. Die Stabilisierung der positiven Ladung im Oniumion $H_2C{=}X^+$ hängt von der Nucleophilie des Heteroatoms *X* ab und nimmt nach Untersuchungen von BIEMANN in der Reihenfolge N, S, O, Cl ab [14].

6.1.4. Tropyliumspaltung

Bei Arenen mit Alkylsubstituenten erfolgt die bevorzugte Bindungsspaltung zwischen dem C-Atom 1 und dem C-Atom 2 der Seitenkette. Das dabei entstehende Benzylkation lagert sich unter C-Wanderung sofort in das außerordentlich stabile Tropyliumkation um, dessen Struktur von MEYERSON et al. [17] gesichert worden ist. Im Massenspektrum des n-Propylbenzols

z. B. ist das Fragment 91, das Tropyliumkation, mit Abstand der intensivste Peak im Spektrum, vgl. Abb. 21.

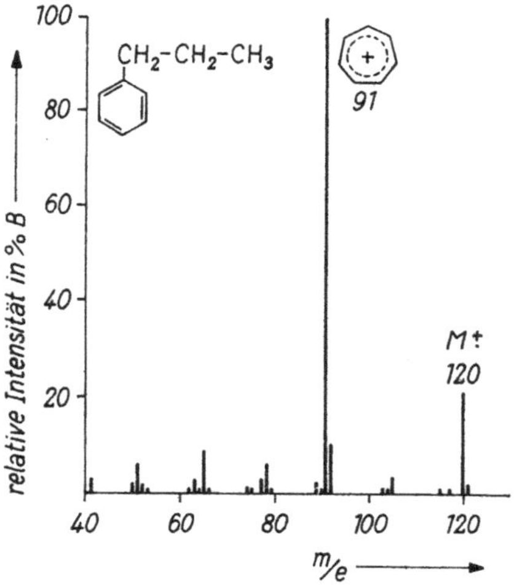

Abb. 21. 70 eV – Massenspektrum von n-Propylbenzol

6.2. *Bruchstückbildung durch Spaltung mehrerer Bindungen*

Massenspektrometrische Zerfallsreaktionen verlaufen im allgemeinen über mehrere Reaktionsschritte. Sie sind also Folgereaktionen. Aus den bei der Primärreaktion gebildeten Fragmentionen werden auf Grund homolytischer und/oder heterolytischer Bindungsspaltung sekundäre Ionen usw. gebildet. So entstehen beispielsweise durch Bindungsspaltung zwischen den C-Atomen 1 und 2 des n-Heptans ein Hexylkation und ein Methylradikal:

$$\left.CH_3-CH_2-CH_2-CH_2-CH_2-CH_2 \wr CH_3\right]^{+\cdot} \longrightarrow \left.CH_3-CH_2-CH_2-CH_2-CH_2-CH_2\right]^{+} + CH_3^{\cdot}$$

Das Hexylkation kann durch homolytische Bindungsspaltung unter Bildung jeweils eines Radikals und eines Radikalkations weiter zerfallen:

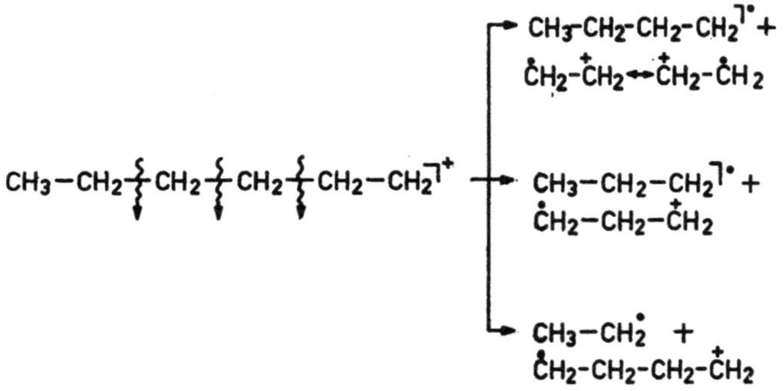

Die Energiebilanz für diese Reaktionsfolge ist relativ ungünstig. Sie wird wesentlich besser, wenn das Hexylkation unter heterolytischer Bindungsspaltung zerfällt. Dabei entsteht z. B. unter Abspaltung des Neutralmoleküls Äthen das Butylkation:

$$CH_3-CH_2-CH_2-CH_2-CH_2-CH_2^{+} \longrightarrow CH_3-CH_2-CH_2-CH_2^{+} + CH_2{=}CH_2$$

Ganz allgemein sind auf Grund der günstigeren Energiebilanz massenspektrometrische Zerfallsreaktionen, bei denen ein Neutralmolekül abgespalten wird, gegenüber homolytischen Bindungsspaltungen bevorzugt.

Dieser Sachverhalt steht im Einklang mit der STEVENSON-Regel, nach der bei der Spaltung eines Radikalkations $[AB]^{+\cdot}$ in ein Kation und in ein Radikal der Molekülteil mit dem niedrigeren Ionisationspotential bevorzugt als Kation abgespalten wird. Für $IP_{A\cdot} < IP_{B\cdot}$ ist daher folgende Reaktion begünstigt:

$$[AB]^{+\cdot} \longrightarrow A^{+} + B^{\cdot}$$

6.2.1. *Retro-Diels-Alder-Reaktion*

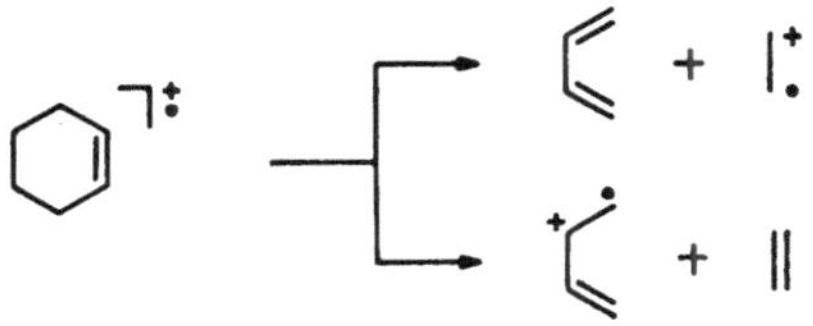

Wie der Name sagt, ist die Retro-DIELS-ALDER-Reaktion die Umkehrung der DIELS-ALDER-Reaktion, also die Bildung eines Diens und eines Olefins aus einem Cyclohexenderivat. Das einfachste Beispiel ist der Zerfall von Cyclohexen in Butadien (*MZ* 54) und in Äthen, vgl. Abb. 22.

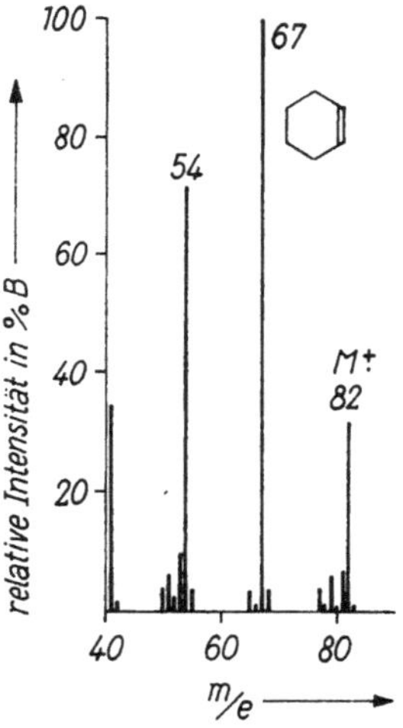

Abb. 22. 70 eV — Massenspektrum von Cyclohexen

Bei der Retro-DIELS-ALDER-Reaktion können im Prinzip beide Bruchstücke als Radikalkationen auftreten. Entsprechend der STEVENSON-Regel tritt jedoch das

Bruchstück mit dem niedrigerem Ionisationspotential als Radikalkation in Erscheinung. Daher entsteht z. B. beim Abbau von Terpineol ausschließlich das 2-Methyl-buta-1,3-dien als Radikalkation, da dessen Ionisationspotential mit 868,5 kJ mol^{-1} kleiner als das von 2-Hydroxy-2-methyl-3-buten (907,1 kJ mol^{-1}) ist.

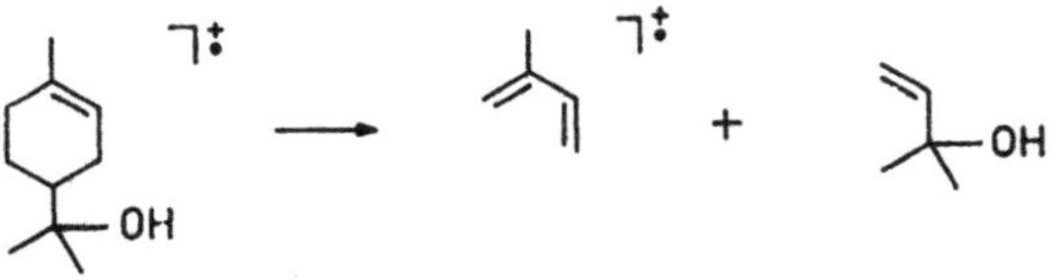

Beim Zerfall von *trans*-Octalin dagegen treten beide Bruchstücke als Radikalkationen im Massenspektrum auf, da beide Ionisationspotentiale 878,15 kJ mol^{-1} betragen.

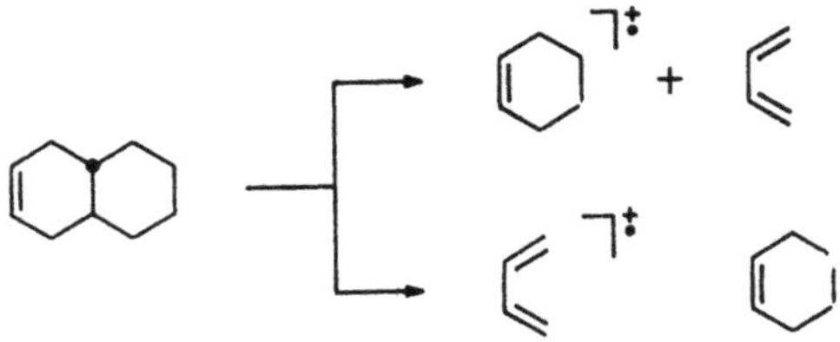

6.2.2. *Retro-1,4-Addition*

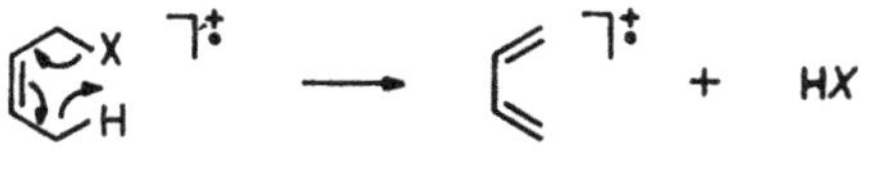

Ebenfalls als Synchronreaktion verläuft die Umkehrung der aus der organischen Chemie bekannten 1,4-Addition, die Retro-1,4-Addition. Die strukturellen Voraussetzungen für die Retro-1,4-Addition gehen aus der allgemeinen Formulierung hervor. *X* ist ein Heteroatom oder eine Gruppe, die ein Heteroatom enthält. Als Wasserstofflieferanten kommen vor allem Methylen-, Methyl-, Hydroxyl- oder Aminogruppen in Betracht. Aus Untersuchungen von

Biemann [14] an (*Z*)- und (*E*)-Crotonsäuremethylester wurde der Schluß gezogen, daß für den Ablauf der Retro-1,4-Addition (Methanolabspaltung) (*Z*)-Konfiguration an der Doppelbindung Voraussetzung ist.

Besonders bei der massenspektrometrischen Fragmentierung von Arenen, z. B. für die Methanolabspaltung aus Salicylsäuremethylester, wird als Ursache für die Retro-1,4-Addition vielfach ein „ortho-Effekt" angenommen.

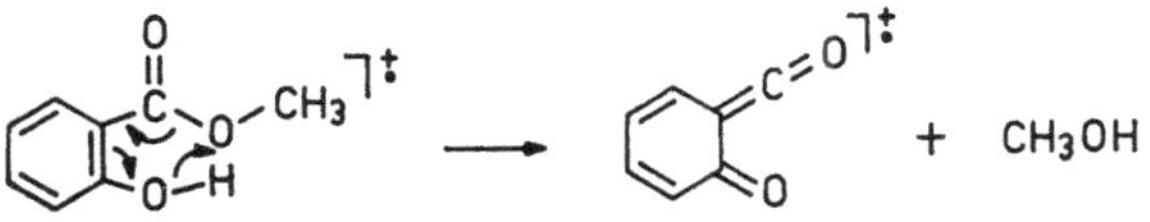

152 120 32

6.3. *Umlagerungen*

Fast alle massenspektrometrischen Fragmentierungsreaktionen werden von Umlagerungen begleitet, die sowohl nach statistischen Verteilungsgesetzen als auch spezifisch verlaufen können.

6.3.1. *Statistische Umlagerungen*

Kennzeichen der statistischen Umlagerungen ist eine mehr oder weniger statistische Verteilung der ursprünglich in den Fragmenten vorhandenen Atome. Statistische Umlagerungen konnten vor allem bei der massenspektrometrischen Fragmentierung partiell deuterierter oder halogenierter Kohlenwasserstoffe, vgl. auch 9., nachgewiesen werden. Umlagerungsreaktionen erschweren die exakte Festlegung von Abbaureaktionen bei Kohlenwasserstoffen.

In Verbindungen, die eine funktionelle Gruppe besitzen, werden die Abbaureaktionen meist von dieser funktionellen Gruppe determiniert. In solchen Verbindungen sind dann spezifische Umlagerungen gegenüber den statistischen Umlagerungen begünstigt.

6.3.2. Spezifische Umlagerungen

Spezifische Umlagerungen laufen, wie der Name sagt, in einer genau definierbaren Richtung ab. Zu ihnen gehören die McLafferty-Umlagerung und die Radikalwanderung.

6.3.2.1. McLafferty-Umlagerung

Die McLafferty-Umlagerung ist die wichtigste spezifische Umlagerung. Sie tritt bei allen Verbindungen auf, die eine Doppelbindung und ein dazu γ-ständiges H-Atom besitzen und bei denen die strukturellen Voraussetzungen zur Ausbildung eines sechsgliedrigen Übergangszustandes gegeben sind. Die McLafferty-Umlagerung läuft in zwei Stufen ab. Zuerst wird ein zum doppelbindungstragenden Atom γ-ständiger Wasserstoff übertragen. Danach zerfällt das ursprünglich vorhandene Radikalkation unter Abgabe eines Neutralmoleküls in ein neues Radikalkation. Der Mechanismus der Wasserstoffübertragung wird sowohl radikalisch als auch ionisch formuliert [1]. In der vorliegenden Arbeit wird ausschließlich der ionische Mechanismus zur Diskussion herangezogen.

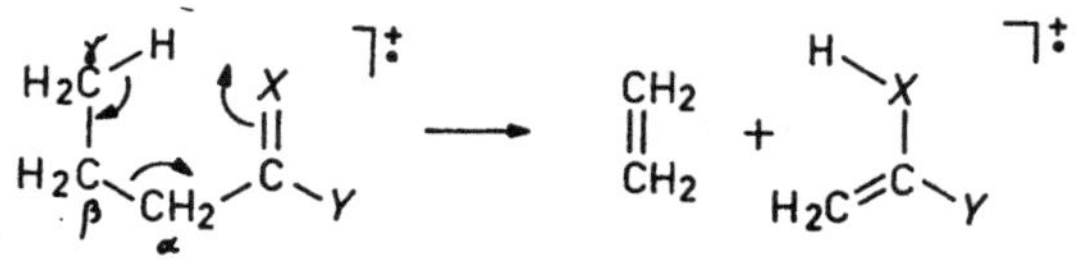

X = CH_2, O, S, NR

Y = H, R, OH, OR, SH, SR, NH_2, NHR

Die chemischen Analoga zur McLafferty-Umlagerung sind die Tschugaeff-Reaktion und in der Photochemie die Norrish-Typ-II-Reaktion [18].

McLafferty-Umlagerungen treten auch bei der massenspektrometrischen Fragmentierung von Alkanolen, Äthern, Mercaptanen, Thioäthern und Halogenverbindungen auf, wenn in δ-Stellung zur funktionellen Gruppe ein Wasserstoffatom vorhanden ist und die strukturellen Voraussetzungen zur Ausbildung eines sechsgliedrigen Übergangszustandes gegeben sind, z. B.:

X = OH, OR, SH, SR, Halogen

6.3.2.2. Radikalwanderung

Bei der Oniumspaltung von Cycloalkanderivaten entsteht zunächst ein Radikalkation. In einem weiteren Reaktionsschritt wird auf das radikalische C-Atom ein Wasserstoffradikal übertragen. Als Folge davon wird das C-Atom radikalisch, von dem das übertragene Wasserstoffradikal herkommt.

Ein klassisches Beispiel für diesen Fragmentierungsweg ist der Zerfall von Cyclohexanon. Die Bildung des Fragmentes der Massenzahl 55 erfolgt durch Oniumspaltung, Radikalwanderung und anschließende Bindungsspaltung zwischen den C-Atomen 3 und 4:

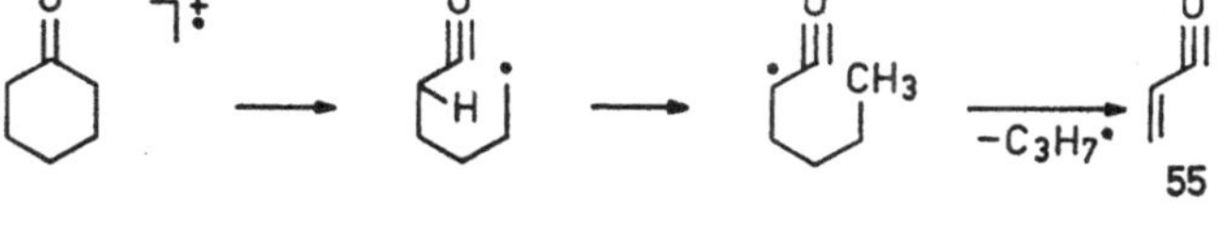

Außer den hier genannten Beispielen gibt es noch zahlreiche weitere massenspektrometrische Abbau- und Umlagerungsreaktionen. Auf diese wird, soweit es notwendig ist, bei der Behandlung der Massenspektren der einzelnen Verbindungsklassen, vgl. Abschnitt 7., eingegangen.

7. Massenspektren einzelner Verbindungsklassen

In diesem Abschnitt wird das Fragmentierungsverhalten einzelner, ausgewählter Verbindungsklassen behandelt. Nach einer Information über die Intensität des Molekülionenpeaks und über die Massenzahlen der wichtigsten Fragmentionenpeaks werden einige wesentliche Abbaureaktionen aufgezeigt. Es soll aber an dieser Stelle ausdrücklich betont werden, daß die angeführten Abbaureaktionen nicht in jedem Fall zu intensiven Fragmentpeaks führen müssen, da das Fragmentierungsverhalten durch das gesamte Molekül bestimmt wird und z. B. die Anwesenheit einer weiteren funktionellen Gruppe oder Unterschiede in der Größe des Alkyl- oder des Arylrestes Veränderungen im massenspektrometrischen Fragmentierungsverhalten nach sich ziehen können, vgl. auch 8.5.

7.1. Alkane

$M^{+\cdot}$: Bei kurzen Ketten intensiv, verkleinert sich mit zunehmender C-Zahl, kann bei stark verzweigten Alkanen fehlen
Typische *MZ*: 29, 43, 57,...

Die für die Alkane typischen Fragmente der Zusammensetzung $[C_nH_{2n+1}]^+$ entstehen durch Alkylspaltung. In allen Spektren der homologen Reihe der geradkettigen Alkane durchlaufen die Intensitäten der Fragmentsignale bei $[C_3H_7]^+$ oder bei $[C_4H_9]^+$ ein Maximum und

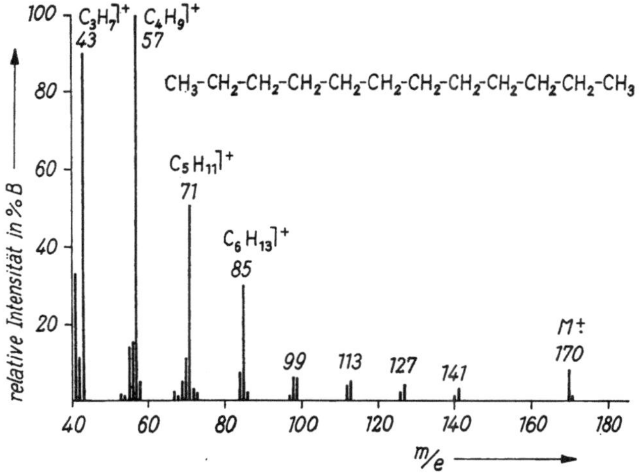

Abb. 23. 70 eV — **Massenspektrum von n-Dodecan**

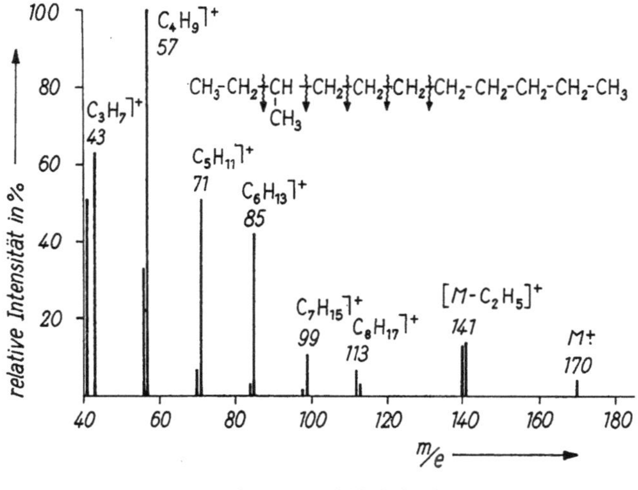

Abb. 24. 70 eV — **Massenspektrum von 3-Methylundecan**

nehmen mit zunehmender C-Zahl stark ab, um bei $[M-15]^+$ ein Minimum zu erreichen. Abb. 23 zeigt als Beispiel das Massenspektrum des n-Dodecans. Die hohen relativen Intensitäten der Signale mit den Massenzahlen 43 und 57 sind verständlich, wenn man davon ausgeht, daß in den Fragmenten $[C_3H_7]^+$ und $[C_4H_9]^+$ die positive Ladung infolge der Ausbildung von Isopropyl- bzw. sekundären und/oder tertiären Butylkationen stabilisiert wird.

Die Signale der Zusammensetzung $[C_nH_{2n+1}]^+$ werden meist von solchen der Zusammensetzung $[C_nH_{2n}]^{+\cdot}$ begleitet. Letztere entstehen durch Abspaltung von kurzkettigen Alkanen aus dem Molekülion.

In verzweigten Alkanen erfolgt die Spaltung vorrangig an den Verzweigungsstellen, die dabei entstehenden sekundären und tertiären Carboniumionen sind wesentlich stabiler als primäre, vgl. 6.1.1.

Im Massenspektrum des 3-Methylundecans, vgl. Abb. 24, ist daher, bedingt durch die Ausbildung eines sekundären Decylkations, das Signal $[M-29]^+$ wesentlich intensiver als im Massenspektrum des isomeren n-Dodecans, vgl. Abb. 23.

7.2. Alkene

$M^{+\cdot}$: Hohe bis geringe Intensität, intensiver als in den Alkanen gleicher C-Zahl
Typische *MZ*: 27, 41, 55,...

Die Intensitäten der Molekülionenpeaks in den Massenspektren ungesättigter Verbindungen sind größer als in den Alkanen gleicher C-Zahl, da die positive Ladung besser stabilisiert wird als in den Alkanen.

Die intensivsten Signale werden von Bruchstücken der Zusammensetzung $[C_nH_{2n-1}]^+$ belegt, vgl. Abb. 20, deren Bildung durch Allylspaltung erfolgt. Daneben treten besonders bei langkettigen und verzweigten Alkenen

Alkylspaltungen auf, wodurch Fragmente der Zusammensetzung $[C_nH_{2n+1}]^+$ entstehen. Die ebenfalls stets vorhandenen Signale der Bruttoformel $[C_nH_{2n}]^{+\cdot}$ werden durch McLafferty-Umlagerung gebildet. Die Bestimmung der Lage der Doppelbindung ist aus den Massenspektren auf Grund vielfach auftretender H-Umlagerungen auf direktem Wege nicht möglich, sondern erst nach chemischer Maskierung. Dazu wird das Alken z. B. entweder epoxidiert oder mittels Osmiumtetroxid zum *cis*-Diol oxidiert und ins Acetonketal überführt. Die Fragmentierung der gebildeten Derivate erlaubt dann Rückschlüsse über die Lage der Doppelbindung, vgl. Abschnitt 9. Monoolefine und Cycloalkane bilden Fragmente gleicher Bruttozusammensetzung und sind daher massenspektrometrisch kaum voneinander zu unterscheiden.

Charakteristisch für die Massenspektren der Cycloolefine ist die Retro-Diels-Alder-Reaktion, vgl. 6.2.1.

7.3. Alkine

$M^{+\cdot}$: In Alkinen mit mehr als vier Kohlenstoffatomen geringe Intensität oder fehlend, $[M-1]^+$ meist intensiv
Typische *MZ*: 39, 53, 67,...

Alkine geben im allgemeinen keine einfach zu interpretierenden Spektren [19]. Die Bestimmung der Lage der Dreifachbindung ist nach Überführung der Alkine in Ketone möglich:

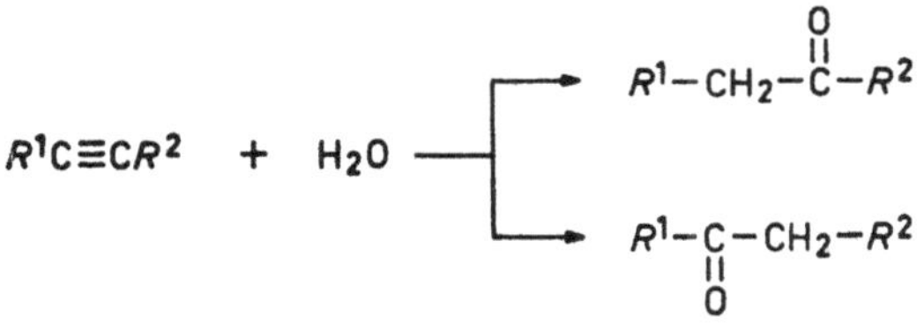

Polyacetylene weisen Spektren auf, die denen der Arene, vgl. 7.5., ähnlich sind. Zur Unterscheidung der

Spektren beider Verbindungsklassen kann das Signal 27 herangezogen werden, das in den Massenspektren der Arene fehlt.

7.4. *Alicyclen*

M^+: Intensität größer als bei Alkanen gleicher C-Zahl
Typische *MZ*: 41, 55, 69,...

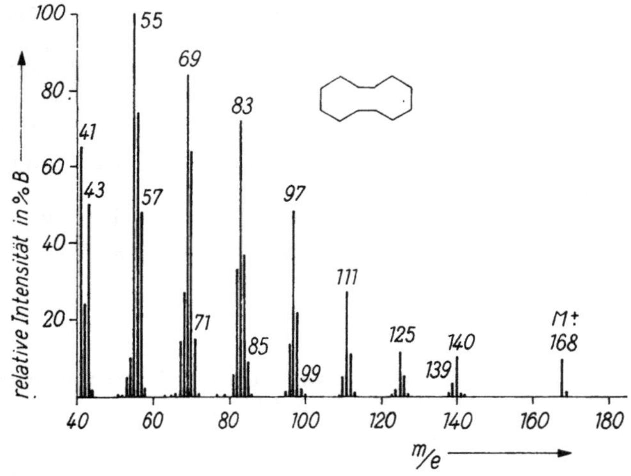

Abb. 25. 70 eV — Massenspektrum von Cyclododecan

Cyclische Strukturen sind stabiler als kettenförmige. Dies zeigt sich z. B. an der im Vergleich zu den entsprechenden Alkanen größeren Intensität der Molekülionenpeaks.

Die Massenspektren der Alicyclen sind von denen der isomeren Alkene kaum zu unterscheiden. Typische Abbaureaktionen bei der massenspektrometrischen Fragmentierung der Cycloalkane sind die Abspaltung von Alkylradikalen und von Äthen. So entsteht z. B. im

Massenspektrum des Cyclododecans das Fragment 140 durch Eliminierung von Äthen aus dem Molekülion, während die Fragmente 139, 125, 111 usw. durch Abspaltung von Alkylradikalen erklärbar sind, vgl. Abb. 25.

Wie bereits erwähnt, vgl. 7.2., tritt bei Cycloalkenen, z. B. bei Cyclohexenderivaten, Retro-DIELS-ALDER-Reaktion auf.

7.5. *Arene* (benzoide Kohlenwasserstoffe)

Die Massenspektren der Arene unterscheiden sich in charakteristischer Weise von denen der Alkane. Erstere lassen sich infolge der Anwesenheit von π-Elektronen leichter ionisieren als Alkane. Die Ionisierungsenergie für Arene liegt zwischen 700 und 900 kJ, die für die Alkane zwischen 1100 und 1300 kJ. Daher sind auch in den Massenspektren der Arene meist sehr intensive Molekülionenpeaks zu finden.

Zum Abbau des benzoiden Ringsystems ist ein relativ großer Energieaufwand notwendig. Aus diesem Grunde sind die Anzahl und die Intensität der Fragmentpeaks meist geringer als in den Spektren der Alkane, vgl. 70 eV-Massenspektrum von Benzol S. 171.

Bei substituierten Verbindungen beginnt der Abbau in der Seitenkette.

7.5.1. *Alkylbenzole*

MZ^{+}: Sehr intensiv, oftmals Basispeak
Typische MZ: 39, 50, 51, 52, 65, (77), 91, 105, 119

Auch die Massenspektren der Alkylbenzole weisen meist einen sehr intensiven Molekülionenpeak und relativ wenige intensive Fragmentionenpeaks auf. Typisch sind weiterhin meist recht intensive Signale von doppelt positiv geladenen Ionen.

Für Monoalkylbenzole ist ein intensiver Peak bei der

Massenzahl 91 charakteristisch, der durch die Tropyliumspaltung hervorgerufen wird (Tropyliumkation) und meist zugleich der Basispeak ist.

In den Massenspektren von Dialkylbenzolen sind außer dem Tropyliumkation bei der Massenzahl 91 auch dessen Homologe bei den Massenzahlen 105, 119 usw. zu finden. Im Spektrum des p-n-Hexyl-n-propylbenzols, Abb. 26, ist z. B. das propylsubstituierte Tropyliumkation mit der Massenzahl 133 der Basispeak.

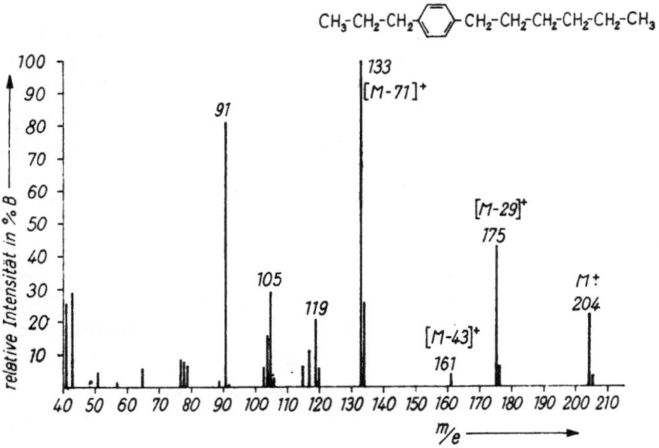

Abb. 26. 70 eV – Massenspektrum von p-n-Hexyl-n-propylbenzol

In Alkylbenzolen mit einer Seitenkette von mindestens drei C-Atomen tritt als Konkurrenzreaktion zur Tropyliumionenbildung die McLafferty-Umlagerung in Erscheinung, bei der unter Olefinabspaltung das Fragmention 92 gebildet wird:

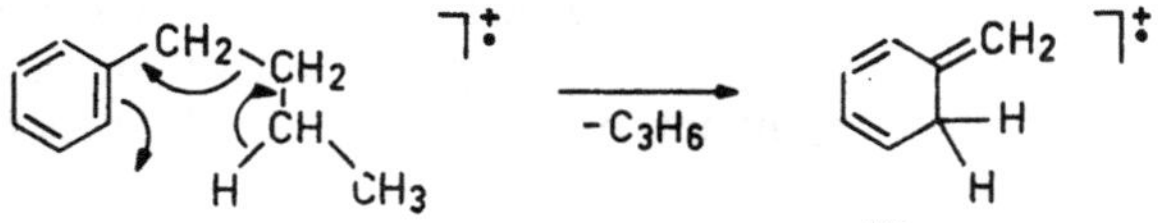

92

Auch das Bruchstück mit der Massenzahl 134 im Spektrum des p-n-Hexyl-n-propylbenzols ist durch McLafferty-Umlagerung an einer Seitenkette entstanden, während die andere Seitenkette erhalten geblieben ist.

Zur Unterscheidung der Massenspektren der verschiedenen Alkylbenzole haben Grubb und Meyerson auf der Grundlage von 112 Spektren ein Identifizierungsschema ausgearbeitet, nach dem an Hand der Intensitäten des Molekülionenpeaks, des Peaks 91 und ausgewählter weiterer Fragmentpeaks eine ziemlich sichere Zuordnung der Spektren möglich ist [17].

7.5.2. *Kondensierte Arene*

Das massenspektrometrische Fragmentierungsverhalten der kondensierten Arene entspricht im allgemeinen dem des Benzols bzw. dem der substituierten Benzole. Die häufigsten Fragmentierungsreaktionen alkylsubstituierten kondensierten Arenen sind wiederum die Tropyliumspaltung und die McLafferty-Umlagerung [20].

7.6. *Alkanole*

$M^{+\cdot}$: Geringe Intensität, fehlt oft ganz
Typische MZ: 31, 45, 59,... sowie $[M-H_2O]^{+\cdot}$

7.6.1. *Primäre Alkanole*

Die Alkanole spalten leicht Wasser ab. Daher ist der Molekülionenpeak entweder von geringer Intensität oder gar nicht vorhanden, dafür aber meist ein intensiver Peak bei $[M-H_2O]^{+\cdot}$. Die Spektren ähneln dann oftmals denen von Alkenen gleicher C-Zahl. Ein Beispiel ist das Massenspektrum des 1-Pentanols, Abb. 27.

Ein Molekülionenpeak ist nicht vorhanden. Intensive

Peaks liegen bei den Massenzahlen 70, 55 und 42, bei den gleichen Massenzahlen sind auch die intensivsten Signale im Massenspektren des 1-Pentens zu finden, vgl. Abb. 28.

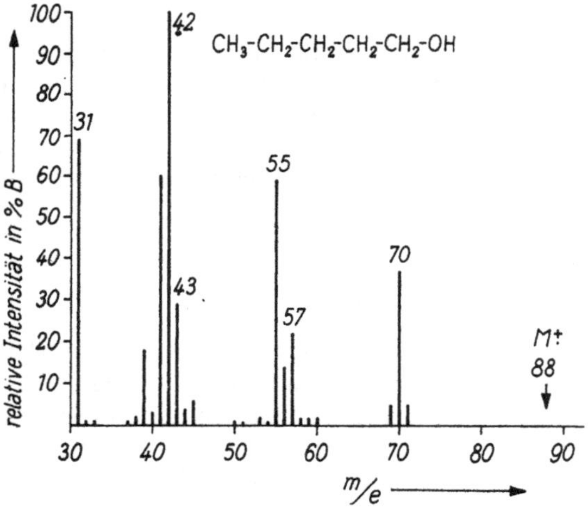

Abb. 27. 70 eV — Massenspektrum von 1-Pentanol

Die Dehydratisierung kann bei indirektem Einlaß bereits thermisch erfolgen. Sie läßt sich durch die Anwendung der direkten Zuführung zurückdrängen. Die Mechanismen der thermischen und der massenspektrometrischen Wasserabspaltung unterscheiden sich. Die thermische Dehydratisierung ist eine 1,2-Eliminierung, und die massenspektrometrische verläuft, wie durch Untersuchungen an partiell deuterierten Verbindungen gezeigt werden konnte, als 1,4-Eliminierung [21].

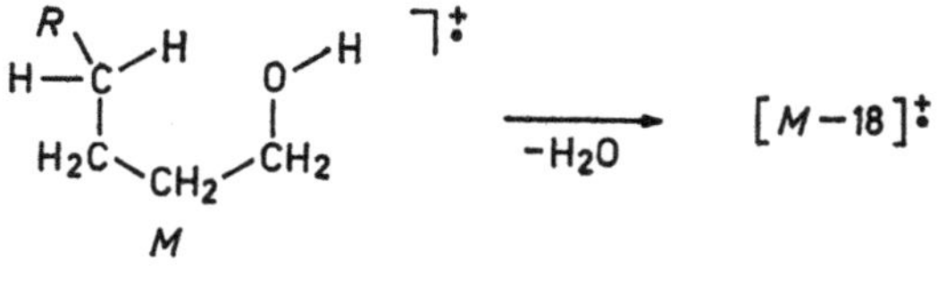

Für viele primäre Alkanole mit unverzweigtem Alkylrest ist ein Bruchstück der Massenzahl $[M-46]^{+}$ charakteristisch, dessen Entstehung durch McLafferty-Umlagerung erklärt werden kann:

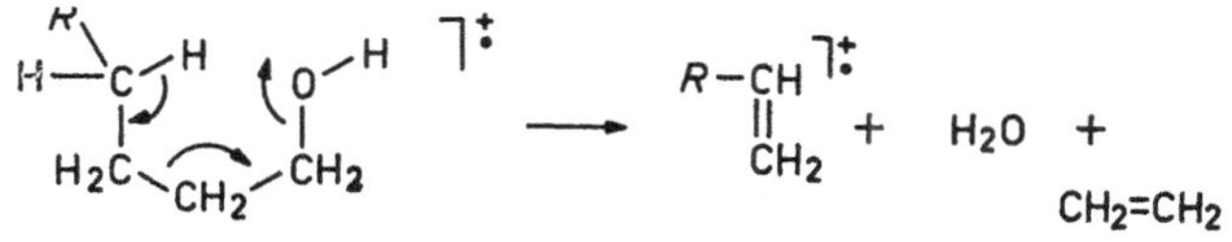

Durch Oniumspaltung entsteht bei primären Alkanolen das mesomeriestabilisierte Fragment 31:

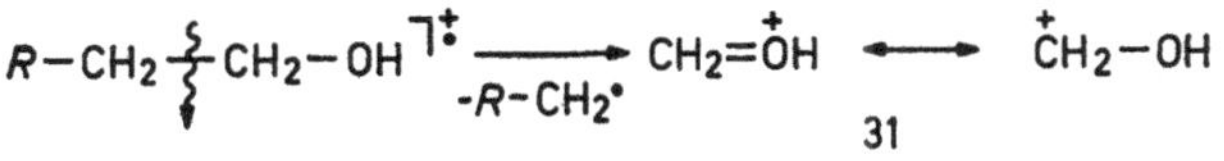

Das Bruchstück mit der Massenzahl 31 tritt auch in den Spektren von Äthern und von Acetaten auf.

Zur Unterscheidung der Alkanole von den Äthern kann das Fragment $[M-H_2O]^{+}$ herangezogen werden, das in den Alkanolspektren eine höhere Intensität auf

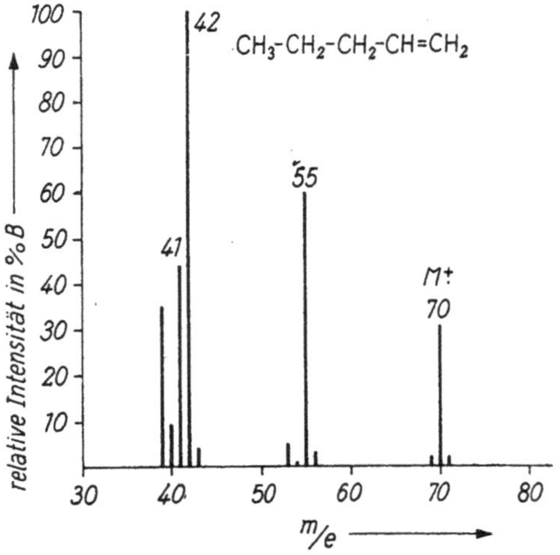

Abb. 28. 70 eV — Massenspektrum von 1-Penten

weist als in den Spektren der Äther gleicher C-Zahl. Bei geradkettigen Alkanolen mit mehr als 10 C-Atomen sowie in primären Alkanolen mit verzweigtem Kohlenwasserstoffgerüst gewinnen Alkylspaltungen zunehmend an Bedeutung.

7.6.2. *Sekundäre Alkanole*

In den Massenspektren der sekundären Alkanole dominiert die Abspaltung von Alkylradikalen an der Verzweigungsstelle gegenüber der Wassereliminierung. Letztere erfolgt z. B. im 2-Pentanol erst nach der Abspaltung eines Methylradikals aus dem Molekülion, vgl. Abb. 29:

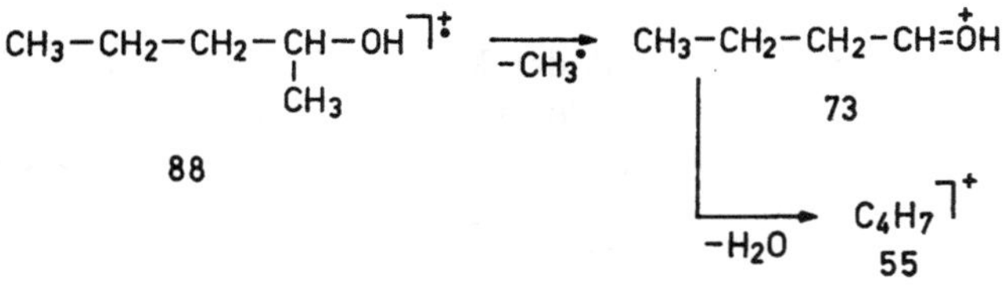

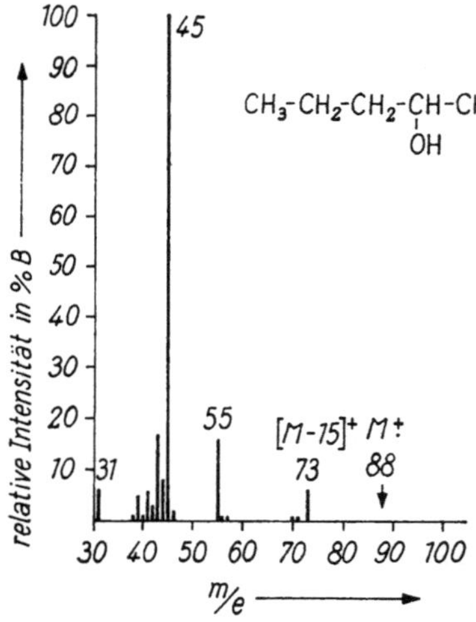

Abb. 29. 70 eV – Massenspektrum von 2-Pentanol

Im Verlaufe einer anderen Zerfallsreaktion entsteht aus dem Bruchstück 73 unter Abspaltung von Äthen das Fragment 45, dessen Signal die höchste Intensität im Spektrum aufweist:

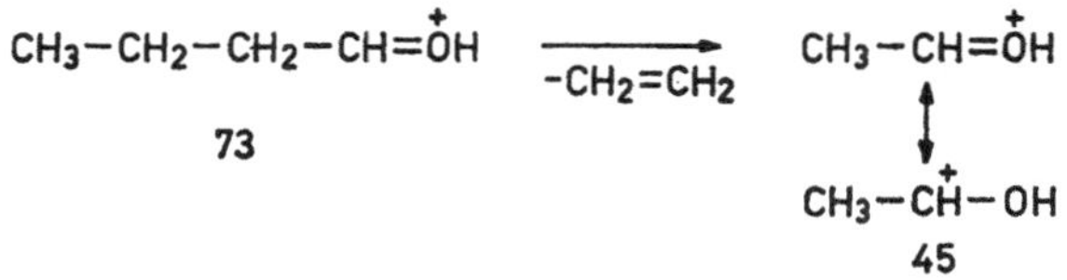

Das Bruchstück 45 ist ein Homologes des für Alkanole und Äther charakteristischen Fragmentes 31 (relative Intensität 6,9%).

7.6.3. Tertiäre Alkanole

In den Massenspektren der tertiären Alkanole sind ebenso wie in den Spektren der sekundären Alkanole die Alkylradikalabspaltungen gegenüber der Wassereliminierung bevorzugt. Im Spektrum des 2-Methyl-2-butanols, vgl. Abb. 30, sind daher die Fragmentpeaks 73,

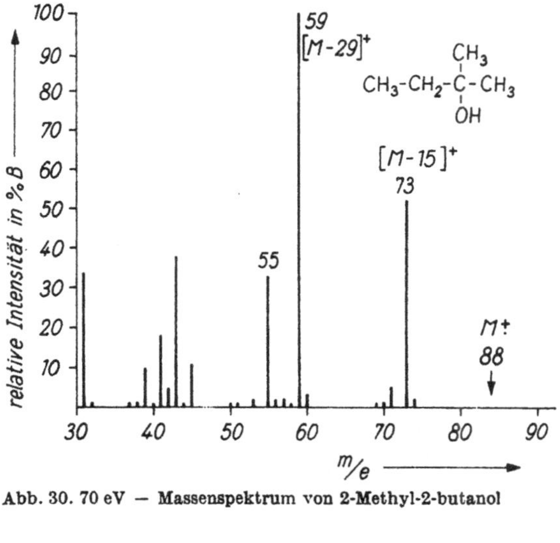

Abb. 30. 70 eV — Massenspektrum von 2-Methyl-2-butanol

$[M-CH_3]^+$, und 59, $[M-C_2H_5]^+$, wesentlich intensiver als die Fragmente 71, $[M-17]^+$, und 70, $[M-18]^{+\cdot}$. Die Intensitätswerte der Fragmente $[M-H_2O]^{+\cdot}$ und $[M-OH]^+$ erfahren in den Massenspektren der tertiären Alkanole gegenüber denen der sekundären Alkanole eine Umkehr, da infolge der Möglichkeit der Ausbildung des sehr stabilen tertiären Carboniumions die Hydroxylradikalabspaltung gegenüber der Wassereliminierung zur bevorzugten Reaktion wird.

7.6.4. *Cycloalkanole*

Die intensivsten Fragmente in den Massenspektren der Cycloalkanole entstehen durch Abbaureaktionen, mit denen Umlagerungen einhergehen. Typisch für die Massenspektren der Cycloalkanole der Ringgrößen C_5 bis C_8 ist das Fragment mit der Massenzahl 57, das im Falle des Cyclohexanols auf folgendem Wege entsteht, Oniumspaltung, Radikalwanderung, Abspaltung von $[C_3H_7]^\cdot$:

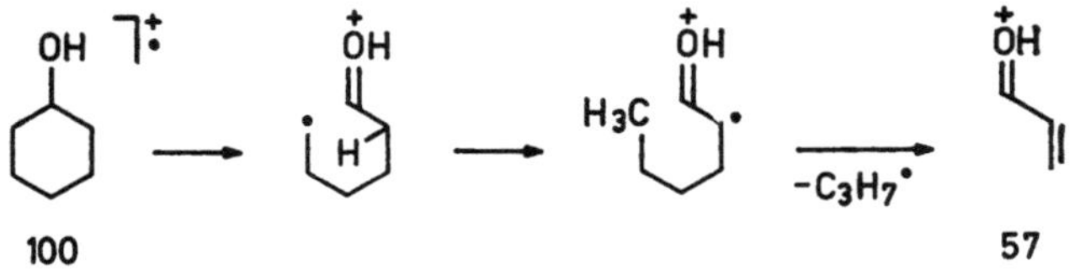

7.7. *Phenole*

$M^{+\cdot}$: Hohe Intensität, oftmals Basispeak
Typische *MZ*: 39, 50, 51, 52, 65, 93; $[M-17]^+$, $[M-18]^{+\cdot}$, $[M-28]^{+\cdot}$, $[M-29]^+$

Die bevorzugte Primärzerfallsreaktion des Phenols, vgl. Abb. 31, sind die Eliminierung von CO sowie die Abspaltung von CHO-Radikalen. Dabei entstehen Cyclopentadien (MZ 66) bzw. das Cyclopentadienylkation (MZ 65):

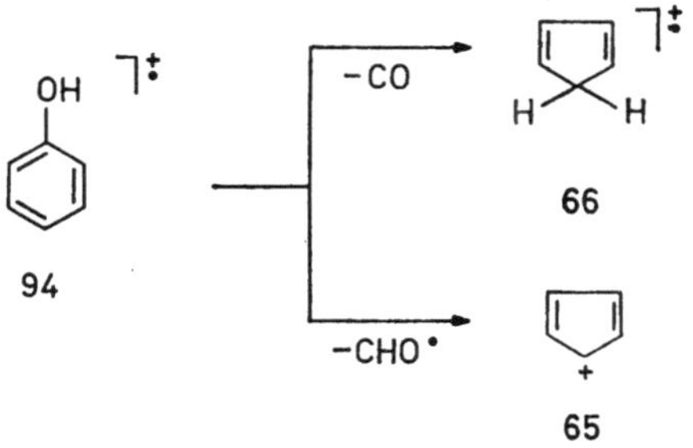

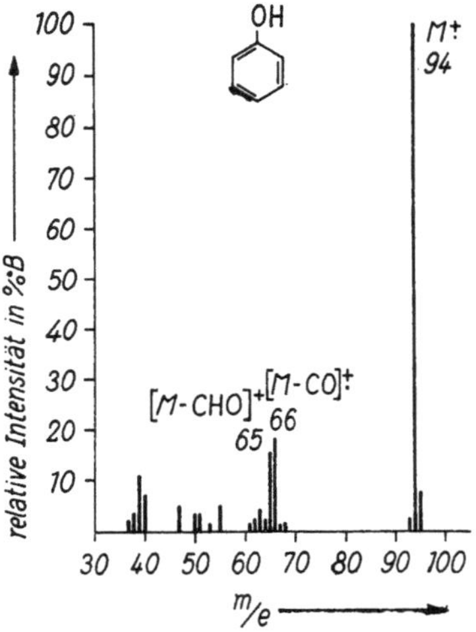

Abb. 31. 70 eV – Massenspektrum von Phenol

Typisch für die Massenspektren der Kresole, vgl. Abb. 32, ist das Auftreten eines intensiven $[M-1]^+$-Signales bei der Massenzahl 107 (Hydroxytropyliumkation).

Durch Abspaltung von CO aus dem Hydroxytropyliumkation entsteht das Fragment 79.

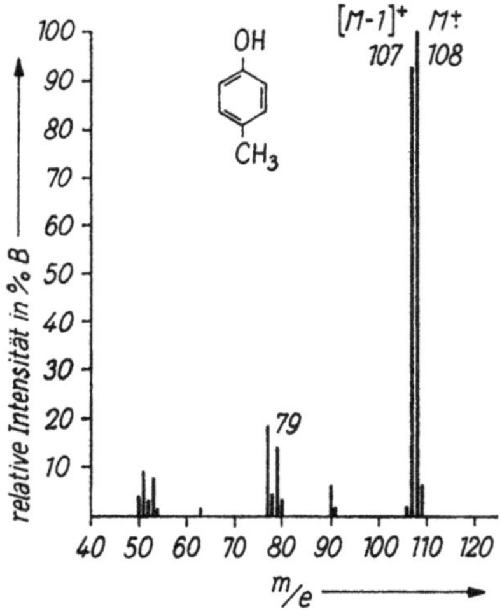

Abb. 32. 70 eV – Massenspektrum von p-Kresol

7.8. *Äther*

$M^{+\cdot}$: Geringe Intensität, oftmals nicht vorhanden
Typische MZ: 31, 45, 59

Äther sind mit Alkanolen isomer. Die massenspektrometrischen Zerfallsreaktionen beider Verbindungsklassen sind daher sehr ähnlich. Gewisse Anhaltspunkte zur Unterscheidung liefern die Intensitäten der $[M-H_2O]^{+\cdot}$-Signale, vgl. 7.6.1. Eine eindeutige Unterscheidung ist jedoch nur unter Zuhilfenahme anderer spektroskopischer Methoden, z. B. mittels der Infrarotspektroskopie [22], möglich.

In niedermolekularen Äthern ist die Oniumspaltung die dominierende Reaktion, mit zunehmender C-Zahl gewinnen Alkylspaltungen an Bedeutung.

Im Massenspektrum des Äthyl-n-butyläthers, Abb. 33 (s. S. 76), entstehen z. B. die Fragmente 59 und 87 durch Oniumspaltungen und die Bruchstücke 73 und 45 durch Alkylspaltungen.

Bei der massenspektrometrischen Fragmentierung von cyclischen Äthern, z. B. von Oxacyclohexan, vgl. Abb. 34. S. 76, sind die Wasserstoff- und die Formaldehydabspaltung die dominierenden Reaktionen. Befindet sich in α-Stellung zum Äthersauerstoff ein Alkylsubstituent, so wird dieser bevorzugt abgespalten:

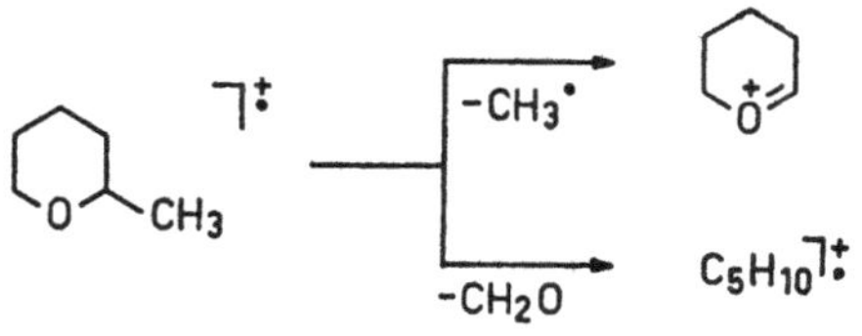

7.9. *Ketone*

M+: Mittlere bis geringe Intensität, häufig auch $[M+1]^+$-Peaks
Typische *MZ*: 43, 57, 71, ...; Ketone mit γ—H auch 58, 72, 86

Beim massenspektrometrischen Abbau der Alkanone dominieren die Oniumspaltungen zu beiden Seiten der Carbonylgruppe. Alkanone mit verschiedenen Alkylgruppen weisen daher zwei unterschiedliche Spaltprodukte auf. Dabei wird meist der längere Alkylrest bevorzugt abgespalten. Diese Tatsache läßt sich zur Unterscheidung stellungsisomerer Alkanone heranziehen.

Bei Anwesenheit eines H-Atoms in γ-Stellung zur Carbonylgruppe tritt McLafferty-Umlagerung auf. Im Massenspektrum des 3-Heptanons, Abb. 35, entstehen z. B. die Fragmente der Massenzahlen 85 und 57 durch

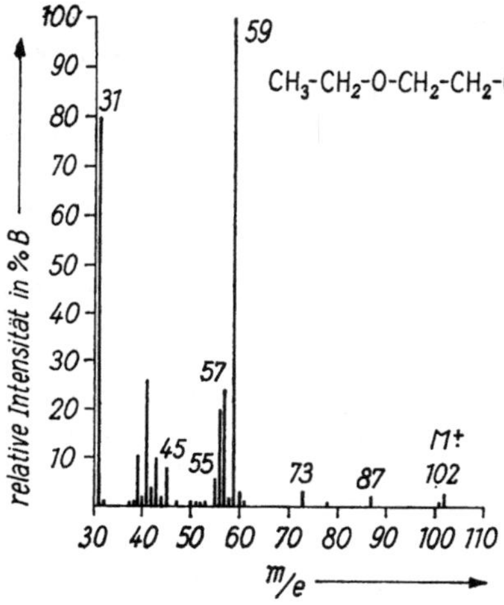

Abb. 33. 70 eV — Massenspektrum von Äthyl-n-butyläther

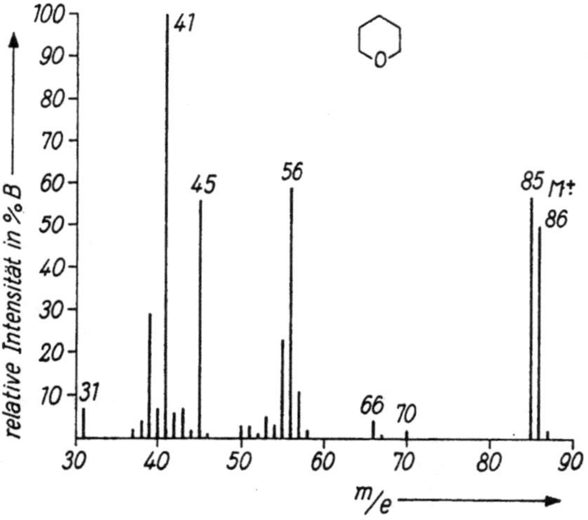

Abb. 34. 70 eV — Massenspektrum von Oxacyclohexan

Oniumspaltung, während das Fragment 72 im Verlauf einer McLafferty-Umlagerung gebildet wird:

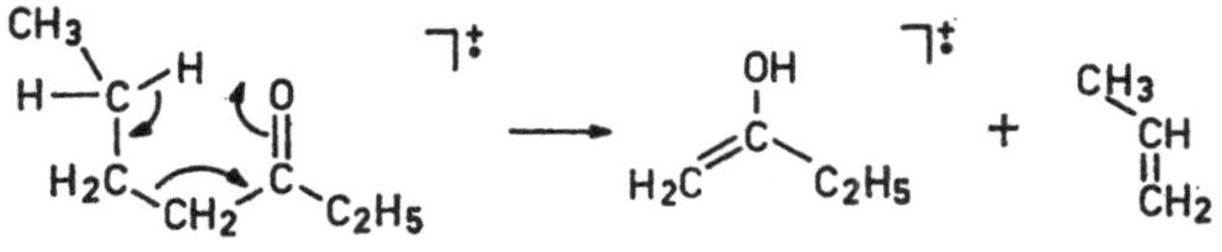

114 72 42

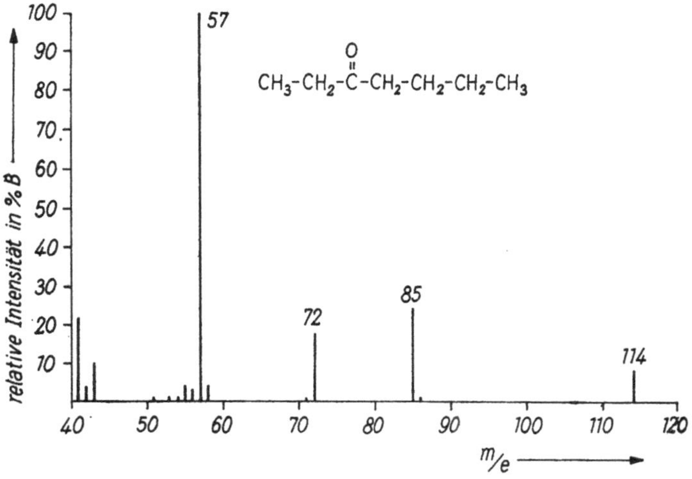

Abb. 35. 70 eV — Massenspektrum von 3-Heptanon

Das Bruchstück der Massenzahl 57 kann einmal direkt aus dem Molekülion, zum anderen aber auch durch Abspaltung von CO aus dem Fragment 85 entstehen. Die Zusammensetzung ist dann entweder $[C_3H_5O]^+$ oder $[C_4H_9]^+$, und die Bestimmung des Anteiles beider Fragmente an der Intensität des Signales 57 ist durch niederauflösende Massenspektrometrie nicht möglich, sondern nur durch Hochauflösungsmessungen, vgl. 12.

In den Massenspektren von Alkanonen mit langkettigen

Alkylresten gewinnen Kohlenwasserstoffbruchstücke zunehmend an Bedeutung.

Weiterhin findet man in den Spektren der Alkanone häufig Signale bei $[M-H_2O]^{+\cdot}$.

Über das massenspektrometrische Fragmentierungsverhalten der Cycloalkanone liegen umfangreiche Untersuchungen vor [23].

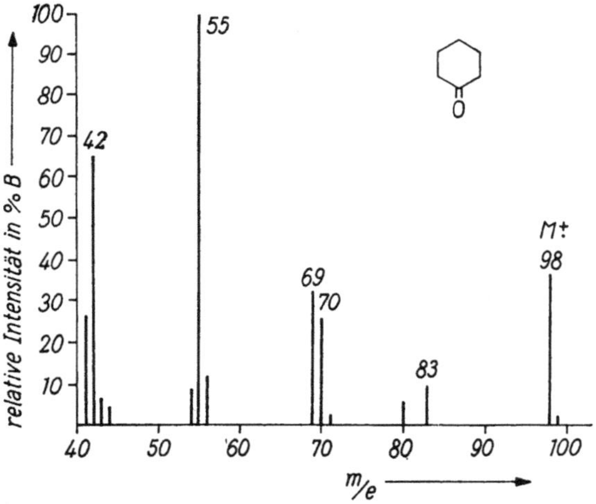

Abb. 36. 70 eV — Massenspektrum von Cyclohexanon

Die wichtigsten Abbaureaktionen konnten vor allem durch Hochauflösungsmessungen sowie durch die Untersuchung partiell deuterierter Verbindungen aufgeklärt werden.

Im Falle des Cyclohexanons, Abb. 36, wird im Verlauf einer Oniumspaltung zunächst der Ring aufgespalten, danach erfolgt eine Wasserstoffumlagerung (Radikalwanderung). Nach der Spaltung der Bindung zwischen den C-Atomen 3 und 4 entsteht das Bruchstück 55, vgl. 6.3.2.2.

Bei alkylsubstituierten Cycloalkanonen mit einer Seitenkette von mindestens zwei C-Atomen in α-Stellung zur Ketogruppe tritt McLafferty-Umlagerung auf, z. B.:

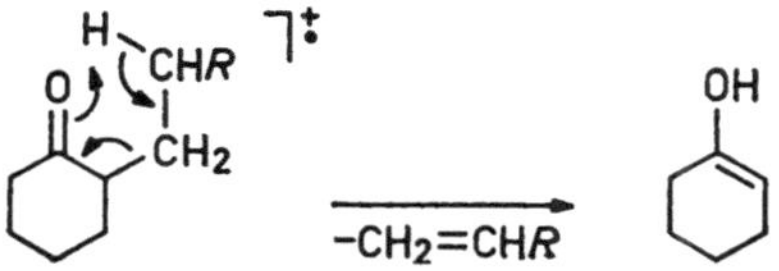

Die wichtigsten Abbaureaktionen in den Arylalkylketonen, z. B. Acetophenon, Abb. 37, sind die Oniumspaltung unter Ausbildung des Benzoylkation und dessen Weiterzerfall zum Phenylkation:

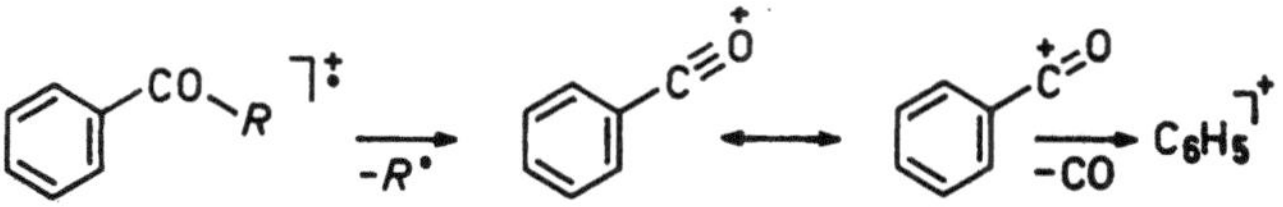

105 77

Bei entsprechenden strukturellen Voraussetzungen, vgl. 6.3.2.1., tritt McLafferty-Umlagerung auf.

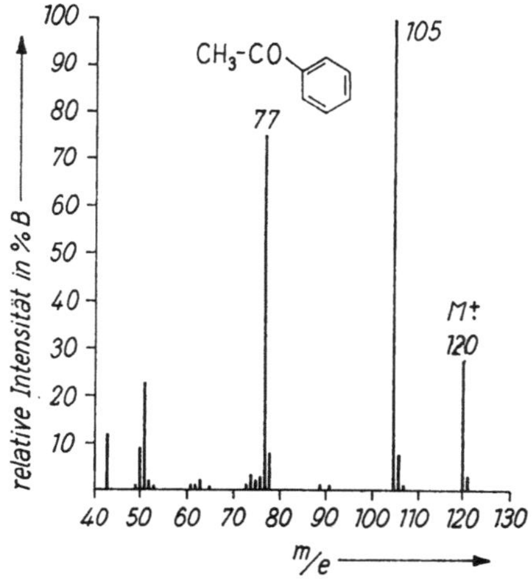

Abb. 37. 70 eV – Massenspektrum von Acetophenon

7.10. Alkanale

M$^{+\cdot}$: Mittlere bis geringe Intensität
Typische *MZ*: $[M-1]^+$, $[M-18]^{+\cdot}$, $[M-28]^+$, $[M-44]^{+\cdot}$, 44, 58, 72

Ähnlich wie bei der Fragmentierung der Alkanone sind auch beim massenspektrometrischen Zerfall der Alkanale die Oniumspaltung und die McLafferty-Umlagerung die bevorzugten Primärzerfallsreaktionen. Die Oniumspaltung führt vor allem bei Alkanalen kleiner C-Zahl zum Fragment der *MZ* 29 mit der Zusammensetzung $H-C\equiv\overset{+}{O}$. Im Verlauf einer McLafferty-Umlagerung entsteht bei geradkettigen Alkanalen das Fragment 44, das Acetaldehydenol, vgl. z. B. 1-Heptanal, Abb. 38:

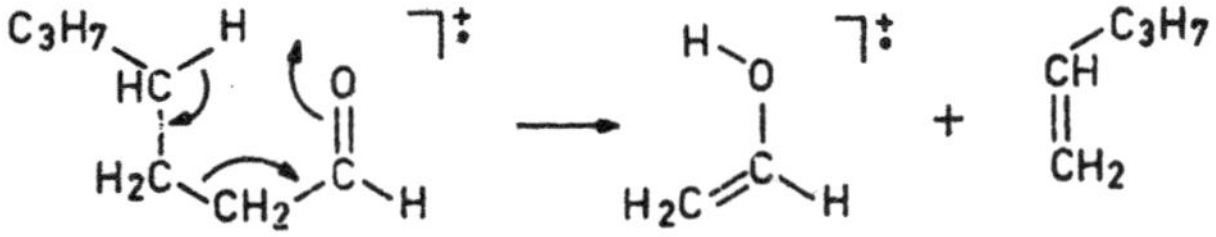

114 44 70

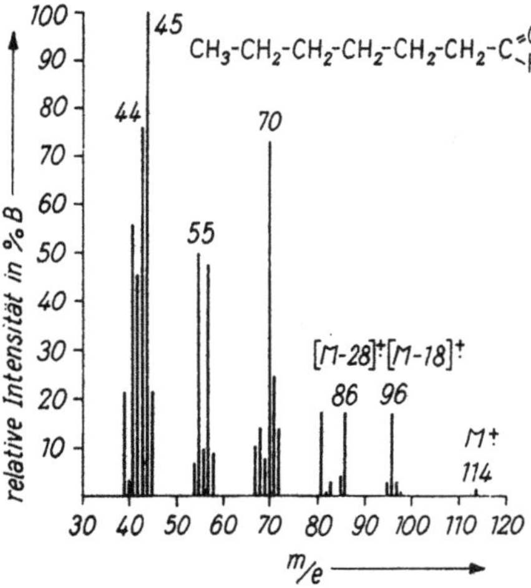

Abb. 38. 70 eV – Massenspektrum von 1-Heptanal

Ist in α-Stellung zur Aldehydgruppe ein Substituent, dann entstehen die entsprechenden substituierten Acetaldehydenole.

Kettenverzweigungen an anderen Positionen lassen sich meist nur schwer erkennen. Die Fragmente $[M-18]^{+\cdot}$ (Wasserabspaltung) und $[M-28]^{+\cdot}$ (Äthenelimininierung) werden in der Folge von Umlagerungsreaktionen gebildet und geben meist Signale von relativ geringer Intensität.

Benzaldehyd, vgl. Abb. 39, zerfällt in charakteristischer Weise in Analogie zu den Arylalkylketonen unter Abspaltung eines Wasserstoffradikals. Dabei entsteht das Benzoylkation, das unter CO-Abgabe zum Phenylkation abgebaut wird:

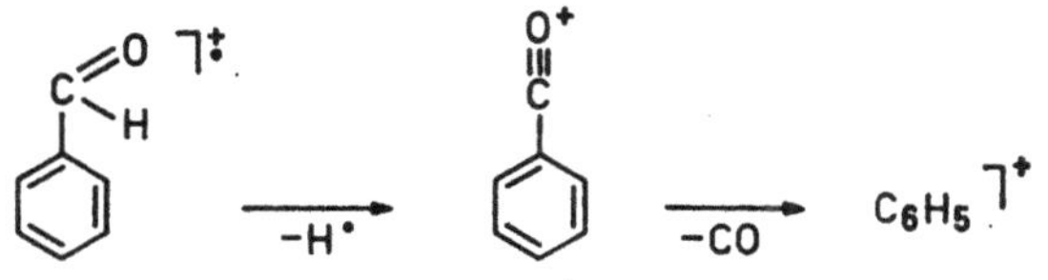

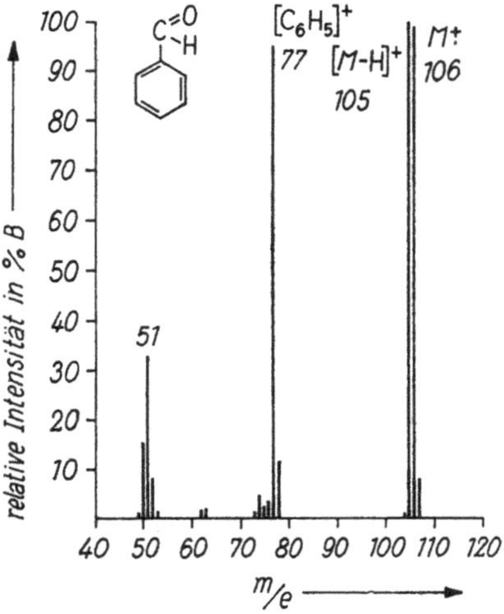

Abb. 39. 70 eV – Massenspektrum von Benzaldehyd

7.11. Carbonsäuren

$M^{+\cdot}$: Geringe Intensität, meist fehlend
Typische *MZ*: 45, 60, 73, 87

In den Massenspektren der Monocarbonsäuren ist der wichtigste Fragmentierungsmechanismus die McLafferty-Umlagerung. Sie ist Grundlage für die Entstehung des Bruchstücks mit der Massenzahl 60, das z. B. im Spektrum der n-Capronsäure, vgl. Abb. 40, den Basispeak belegt:

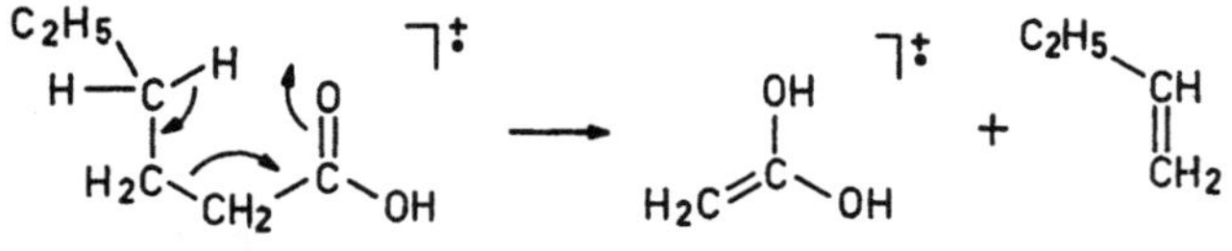

116 60

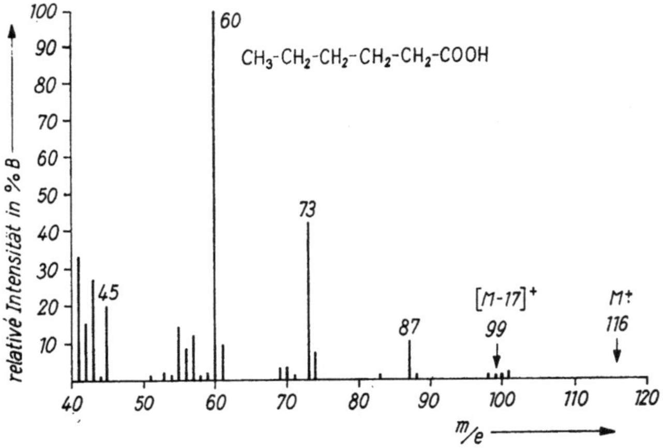

Abb. 40. **70 eV – Massenspektrum von n-Capronsäure**

Charakteristisch ist weiterhin die Abspaltung von OH-Radikalen aus den Molekülionen. Die Intensität der dabei entstehenden Acylkationen ist aber meist gering.

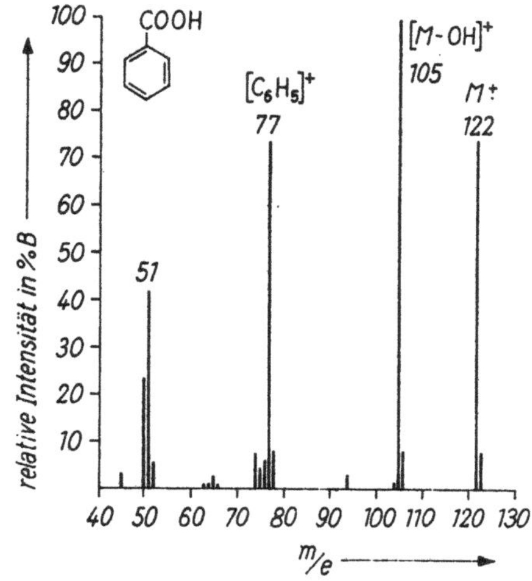

Abb. 41. 70 eV — Massenspektrum von Benzoesäure

Die Massenspektren geradkettiger Carbonsäuren mit mehr als 5 C-Atomen weisen ein Bruchstück mit der Massenzahl 73 auf, das durch doppelte H-Umlagerung entsteht und folgende Konstitution hat:

73

Arylsubstituierte Carbonsäuren, wie z. B. Benzoesäure, vgl. Abb. 41, zerfallen unter Abgabe von OH-Radikalen und nachfolgender CO-Eliminierung:

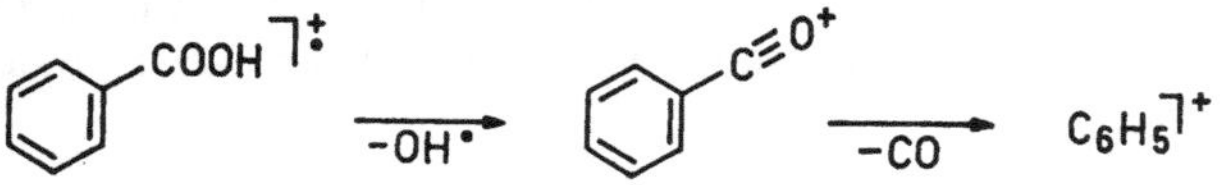

In den Massenspektren von Benzoesäuren, die in ortho-Stellung eine wasserstoffhaltige Gruppe besitzen, dominieren $[M-H_2O]^{+\cdot}$-Peaks, die auf Grund folgender Wasserstoffumlagerung und anschließender Bindungsspaltung erklärbar sind (ortho-Effekt):

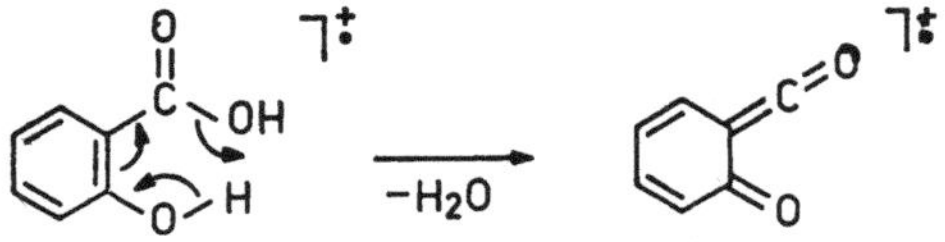

Die massenspektrometrische Untersuchung von Carbonsäuren ist auf Grund der Tatsache, daß sie beim Verdampfen sehr leicht decarboxylieren, oftmals problematisch. Diese Schwierigkeiten lassen sich umgehen, wenn man die Carbonsäuren verestert und aus dem Zerfall der Ester Rückschlüsse auf die Fragmentierung der Carbonsäuren zieht, vgl. 9.

7.12. *Carbonsäureester*

$M^{+\cdot}$: Ester aus einem langkettigen Alkanol und einer niedermolekularen Carbonsäure geringe Intensität oder fehlend; Ester aus einer langkettigen Carbonsäure und einem niedermolekularem Alkanol hohe Intensität
Typische *MZ*: 59, 60, 61, 74, 75, 88, 89, ...

Die wichtigsten Zerfallsreaktionen sind die McLafferty-Umlagerung, die Oniumspaltung sowie H-Umlagerungen. Im Ergebnis einer McLafferty-Umlagerung zeigen Methylester ein charakteristisches Fragment bei der Massenzahl 74 und Äthylester bei der Massenzahl 88, vgl. Abb. 42, die folgende Zusammensetzung haben:

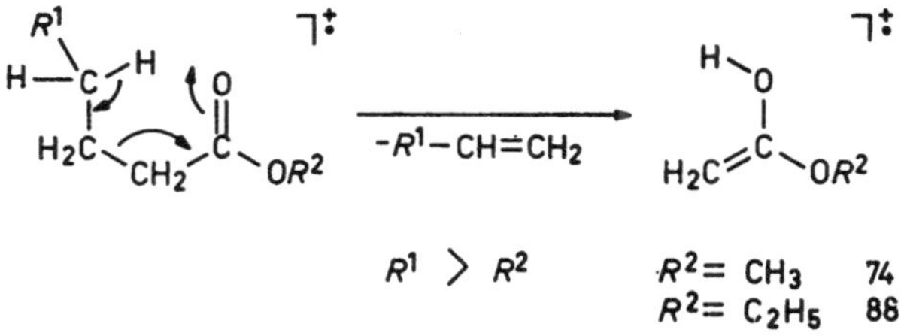

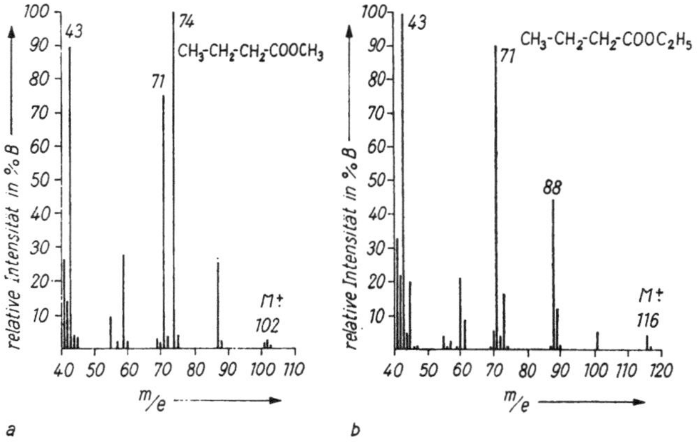

Abb. 42. 70 eV – Massenspektren von
a) Buttersäuremethylester,
b) Buttersäureäthylester

Ester langkettiger Alkanole spalten den Alkanolteil meist als Alken ab und lassen sich auf diese Weise erkennen:

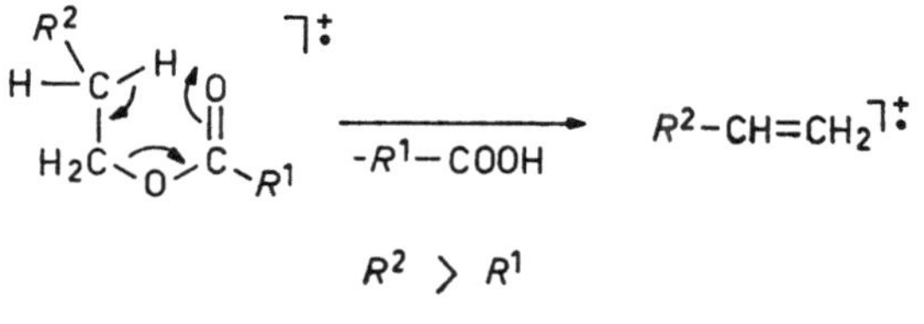

Weiterhin treten in den Massenspektren von Estern langkettiger Alkanole Olefinbruchstücke auf, die zwei C-Atome weniger enthalten als der Anzahl der C-Atome der Alkanolkomponente entspricht, und durch Wasserstoffumlagerung auf folgendem Wege entstehen:

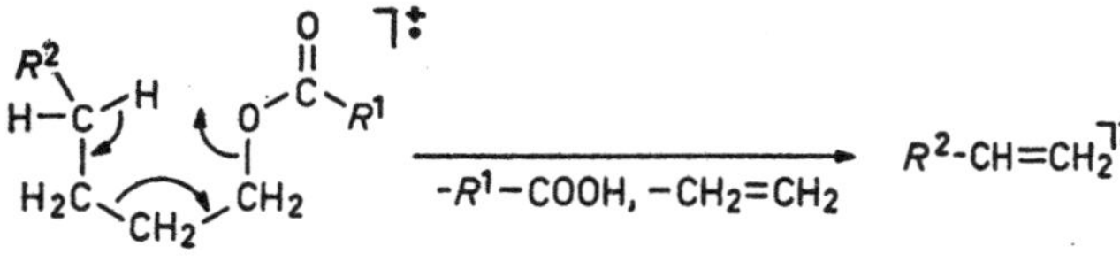

Die Identifizierung der Säurekomponente ist an Hand der bei der McLafferty-Umlagerung entstehenden Säurebruchstücke, die von charakteristischen Fragmenten der Zusammensetzung $[R{-}COOH_2]^+$ begleitet werden, möglich. Letztere haben meist eine höhere Intensität als die Fragmente $[R{-}COOH]^{+\cdot}$.

Weitere charakteristische Bruchstücke in den Massenspektren von Estern entstehen durch Abspaltung von Alkoxygruppen aus $M^{+\cdot}$:

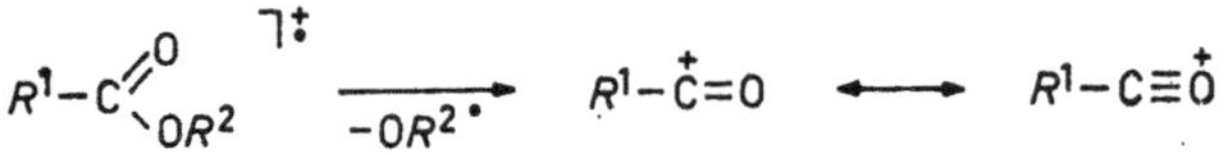

7.13. *Amine*

$M^{+\cdot}$: Mittlere bis geringe Intensität, teilweise fehlend
Typische *MZ*: 44, 58, 72, ...

Monoaminoverbindungen sind an ihren Massenspektren relativ leicht zu erkennen, da sie im Gegensatz zu den anderen organischen Verbindungen einen Molekülionenpeak bei einer ungeraden *MZ* sowie zahlreiche

N-haltige Fragmentpeaks bei geraden *MZ* haben, vgl. 4.1., Stickstoffregel.

Charakteristisch für die Spektren primärer Amine, z. B. n-Heptylamin, Abb. 43, sind die Fragmente der *MZ* 30 und der *MZ* 44. Ersteres entsteht durch Oniumspaltung, letzteres durch Spaltung der zur Aminogruppe β-γ-ständigen C—C-Bindung:

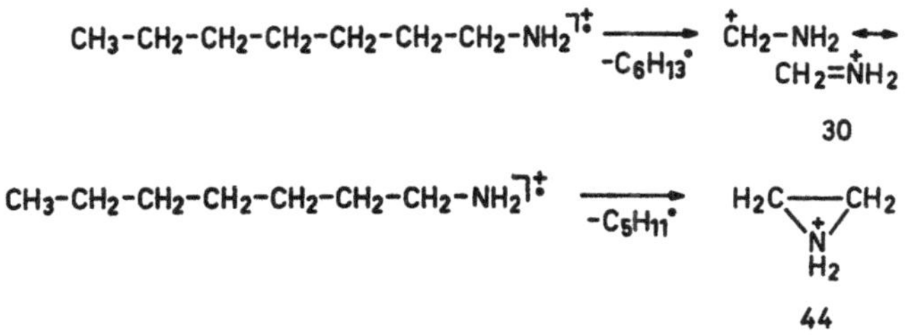

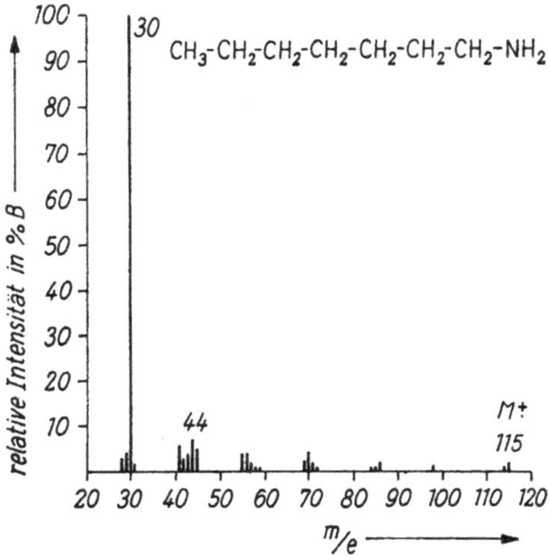

Abb. 43. 70 eV — Massenspektrum von n-Heptylamin

Der massenspektrometrische Zerfall sekundärer und tertiärer Amine erfolgt ebenfalls durch Oniumspaltung, der bei Anwesenheit eines weiteren Alkylrestes mit mindestens zwei C-Atomen Olefineliminierung folgt. Auf diese Weise entsteht bei der Fragmentierung sekundärer Amine das Fragment 30:

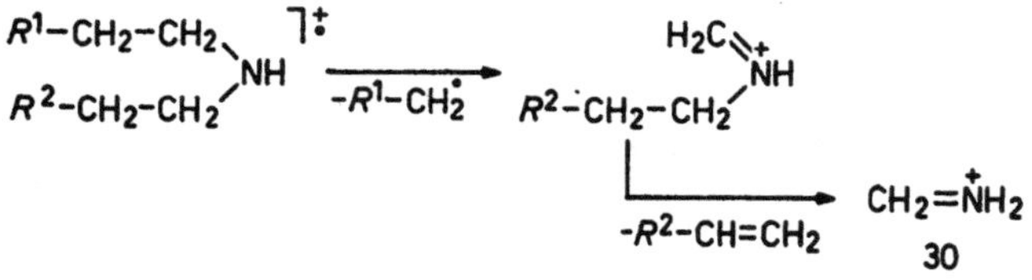

In Cycloalkylaminen, vgl. z. B. Abb. 44, erfolgt zuerst Ringöffnung durch Oniumspaltung und danach Abspaltung eines Propylradikals:

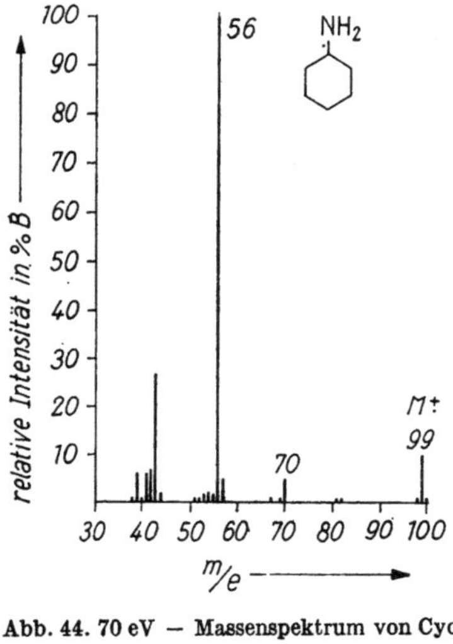

Abb. 44. 70 eV – Massenspektrum von Cyclohexylamin

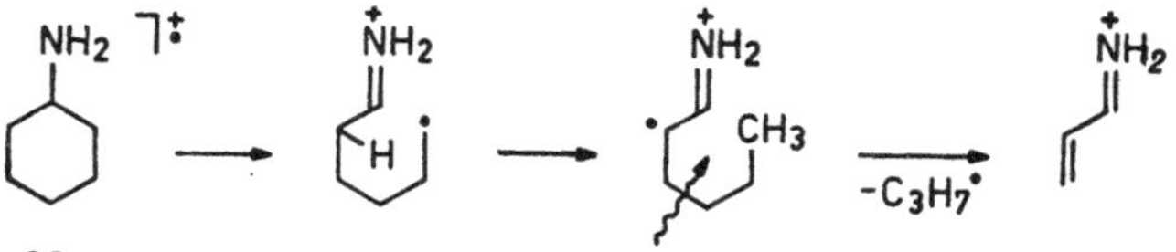

99 56

Piperidin, Abb. 45, dessen Molekülionenpeak bei der Massenzahl 85 liegt, zerfällt bei der Oniumspaltung auf zwei verschiedenen Wegen. Durch Abgabe eines Wasserstoffradikals vom α-C-Atom entsteht das Fragment mit der Massenzahl 84.

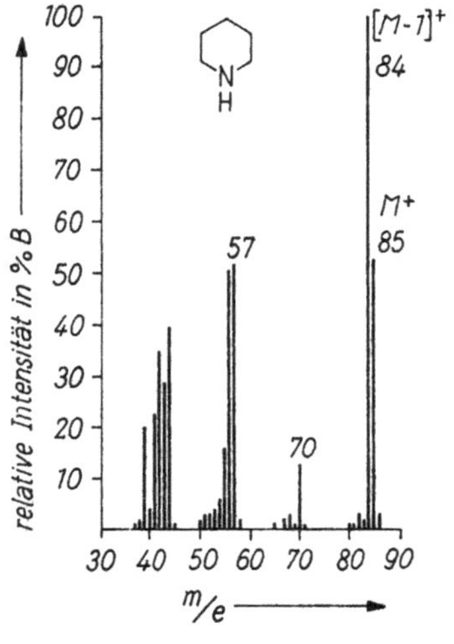

Abb. 45. 70 eV — Massenspektrum von Piperidin

Die Spaltung der α—β—C—C-Bindung führt bei nachfolgender Ätheneliminierung zum Fragment 57 und anschließender Abspaltung eines Methylradikals zum Bruchstück 70:

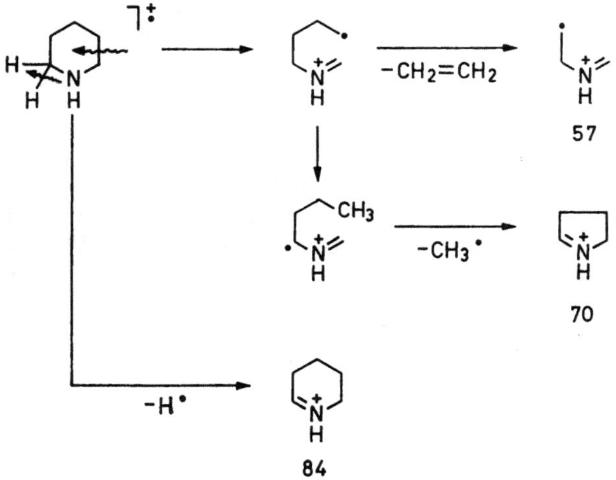

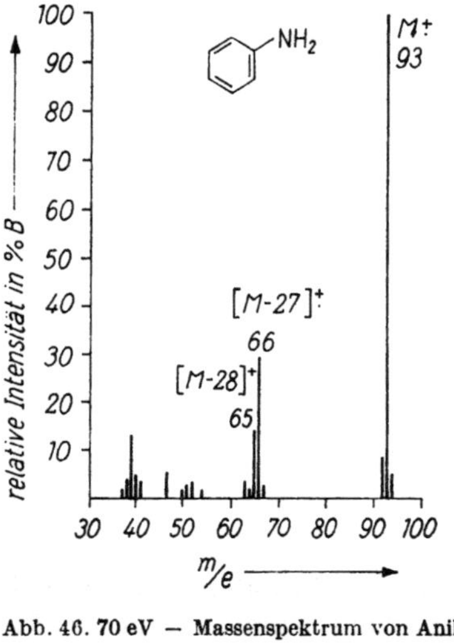

Abb. 46. 70 eV — Massenspektrum von Anilin

Das Massenspektrum des Anilins, Abb. 46, ist durch die Anwesenheit von Fragmenten der Massenzahlen $[M-27]^{+\cdot}$ und $[M-28]^{+}$ gekennzeichnet, die durch Abspaltung von HCN bzw. von H_2CN aus dem Molekülion entstehen.

Bei alkylsubstituierten Anilinen tritt Tropyliumspaltung ein. Dabei bildet sich eine aminosubstituiertes Tropyliumion aus.

7.14. *Nitrile und Isonitrile*

$M^{+\cdot}$: Geringe Intensität, oftmals begleitet von $[M-1]^{+}$-Peaks
Typische *MZ*: 41, 54, 55, 68, 69, 82

Der massenspektrometrische Fragmentierungsverlauf in den Nitrilen ist durch zahlreiche Umlagerungsreaktionen gekennzeichnet. So entsteht z. B. beim Abbau von n-Hexylnitril, Abb. 47, durch McLafferty-Umlagerung das mesomeriestabilisierte Fragment 41:

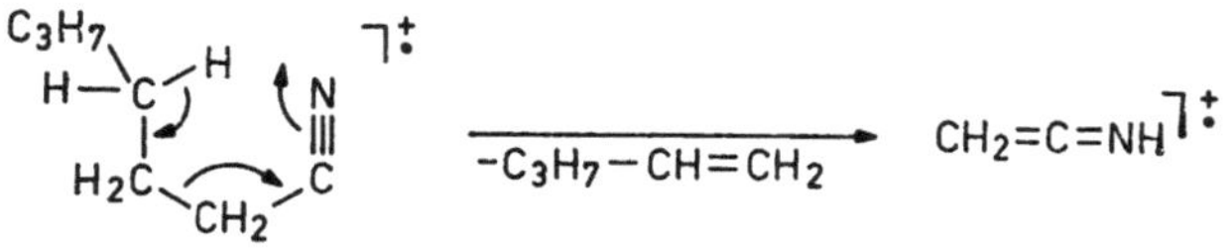

Da vor allem in Spektren von Verbindungen mit langen Alkylketten die Massenzahl 41 auch von einem Kohlenwasserstoffbruchstück, dem Allylkation, belegt wird, ist eine eindeutige Identifizierung dieses Fragmentes nur durch Hochauflösungsmessungen möglich.

Besonders charakteristisch für die Massenspektren von Alkylnitrilen, vgl. z. B. Abb. 47, sind Bruchstücke der Zusammensetzung $[C_nH_{2n}CN]^{+}$, für die eine cyclische

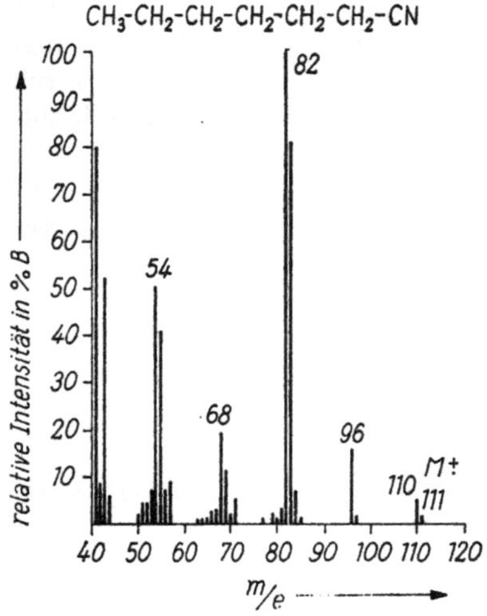

Abb. 47. 70 eV — Massenspektrum von n-Hexylnitril

Struktur angegeben wird und die im Falle von Pentyl-, Hexyl- und Heptylnitril besonders intensiv sind:

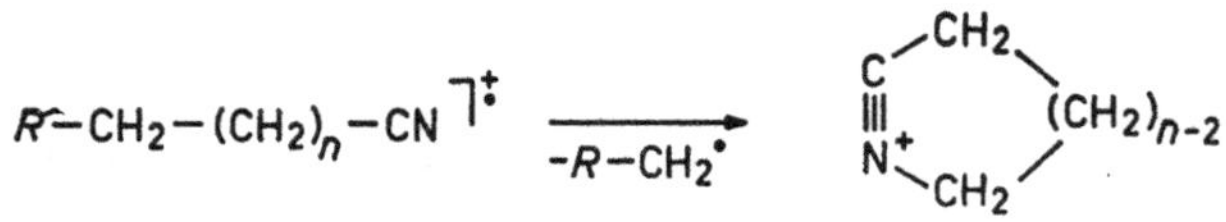

Typisch für die Alkylnitrile mit mehr als 6 C-Atomen ist weiterhin ein Bruchstück bei der Massenzahl 97, das im Verlaufe einer Umlagerung auf folgendem Wege entsteht:

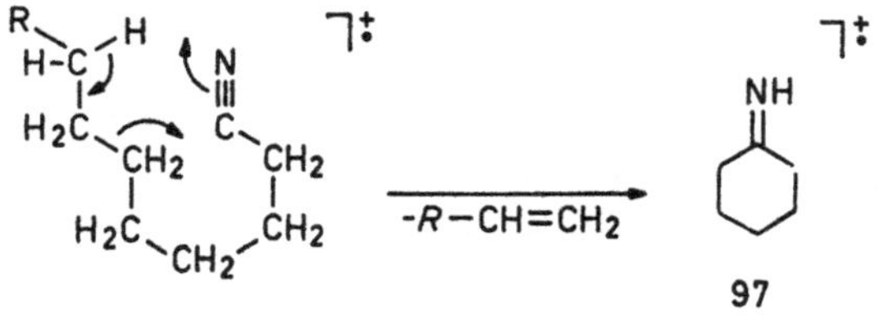

97

Das Fragmentierungsverhalten der Isonitrile ähnelt dem der Nitrile. Unterschiede bestehen in der bevorzugten Abgabe von Isonitrilradikalen unter Bildung von Alkylkationen.

Charakteristisch für die massenspektrometrische Fragmentierung der Isonitrile sind auch Bruchstücke der Zusammensetzung $[M-HCN]^{+\cdot}$ und $[M-H_2CN]^+$.

7.15. *N-Oxide*

$M^{+\cdot}$: Geringe bis mittlere Intensität
Typische MZ: $[M-16]^{+\cdot}$, $[M-17]^+$

Der wichtigste Primärfragmentierungsschritt in den Massenspektren der N-Oxide ist die Abspaltung von Sauerstoff. Charakteristisch ist weiterhin das Auftreten von Bruchstücken, die durch Abspaltung von Hydroxylradikalen aus $M^{+\cdot}$ zustande kommen.

Die übrigen Zerfallsreaktionen entsprechen weitestgehend denen der den N-Oxiden zugrundeliegenden Stickstoffverbindungen.

7.16. *Nitroverbindungen*

$M^{+\cdot}$: Bei Nitroalkanen meist nicht vorhanden, bei Nitroarenen intensiv
Typische MZ: 30 und 46; 27, 41, 55

Charakteristisch für die massenspektrometrische Fragmentierung von Nitroverbindungen sind Fragmente relativ geringer Intensität mit der Zusammensetzung $[NO]^{+\cdot}$ bei der Massenzahl 30 und $[NO_2]^{+\cdot}$-Bruchstücke bei der Massenzahl 46 sowie intensive Ionen mit der Bruttozusammensetzung $[C_nH_{2n-1}N]^+$, vgl. Abb. 48.

Daneben findet man Alkylbruchstücke, die durch

Abspaltung der Nitrogruppe aus $M^{+\cdot}$ entstehen. Mit den Nitroalkanen sind die Alkylnitrile isomer. Beide Verbindungsklassen können massenspektrometrisch voneinander unterschieden werden, da die Massenspektren

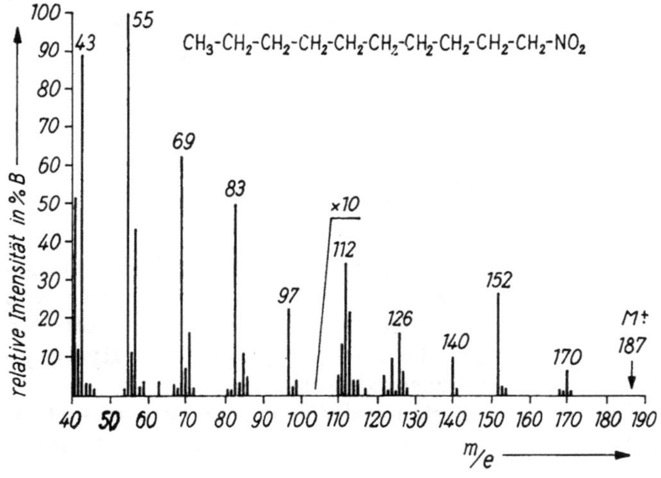

Abb. 48. 70 eV — Massenspektrum von 1-Nitrodecan

der Alkylnitrile ein Bruchstück bei der Massenzahl 60 aufweisen, das durch Oniumspaltung entsteht und folgende Zusammensetzung hat:

$$H_2C=\overset{+}{O}-N=O$$

60

Beim massenspektrometrischen Abbau von Nitrobenzol, vgl. Abb. 49, erfolgt ebenfalls Abspaltung der Nitrogruppe.

Ein weiteres charakteristisches Bruchstück liegt bei der Massenzahl $[M-30]^+$. Es entsteht durch Umlagerung

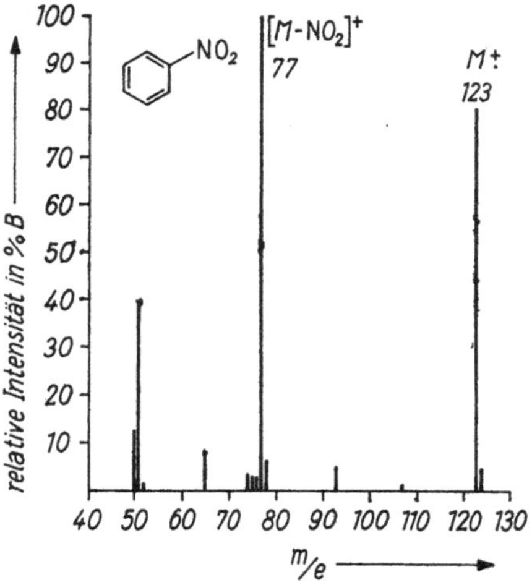

Abb. 49. 70 eV — Massenspektrum von Nitrobenzol

der Nitroverbindung zum isomeren Arylnitrit und nachfolgender NO-Abspaltung:

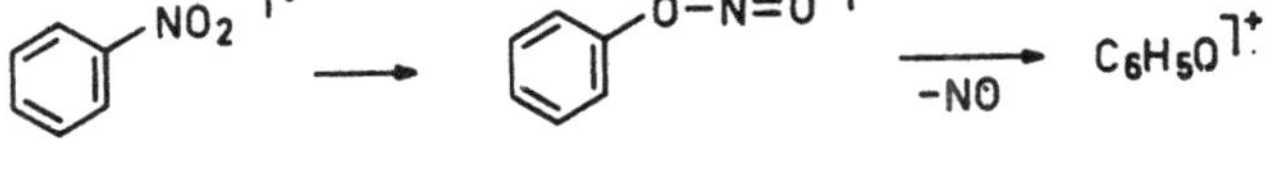

Fragmente geringer Intensität bei der Massenzahl $[M-16]^{+\cdot}$ weisen auf die Abspaltung von Sauerstoff hin.

7.17. *Halogenverbindungen*

$M^{+\cdot}$: Unterschiedliche Intensität
Typische *MZ*: Chlor- und Bromverbindungen zeigen charakteristische Isotopenmuster, vgl. 4.1.; Jodalkane 127, 128

In den Fluorverbindungen erfolgt auf Grund der Stärke der C—F-Bindungen bevorzugt Oniumspaltung sowie die Spaltung von anderen C—C- oder auch von C—H-Bindungen. Die entstehenden Kationen haben die Zusammensetzung $[C_nH_{2n}F]^+$. Vielfach tritt bei der massenspektrometrischen Fragmentierung der Fluoride und teilweise auch der Chloride Halogenwasserstoffabspaltung auf, vgl. Abb. 50 und Abb. 51.

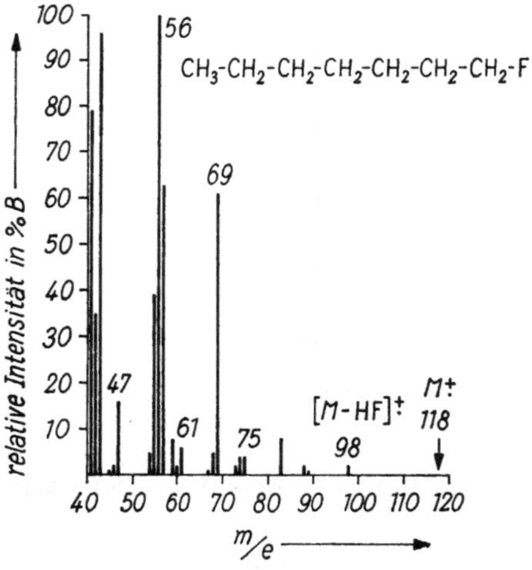

Abb. 50. 70 eV — Massenspektrum von 1-Fluorheptan

In den Massenspektren der Brom- und der Jodalkane dominiert hingegen die Abspaltung von Halogenradikalen, vgl. Abb. 52 und Abb. 53, da wegen der geringen Stärke der Halogenwasserstoffbindung im Brom- und im Jodwasserstoff der Energiegewinn wesentlich geringer ist als bei Abspaltung von Fluor- oder Chlorwasserstoff.

Die Tendenz zur Abspaltung von Halogenradikalen wächst auch von den primären über die sekundären zu

Berichtigungszettel für die Seite 97

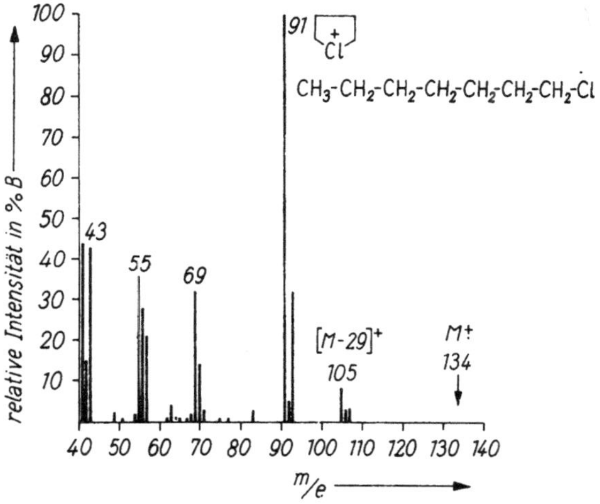

Abb. 51. 70 eV — Massenspektrum von 1-Chlorheptan

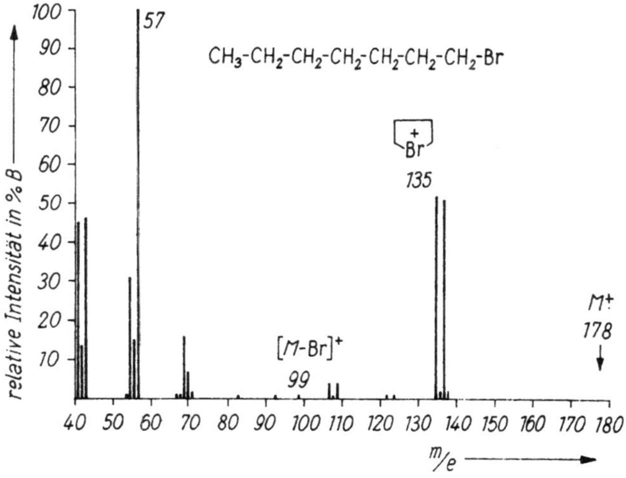

Abb. 52. 70 eV — Massenspektrum von 1-Bromheptan

7.17. Halogenverbindungen

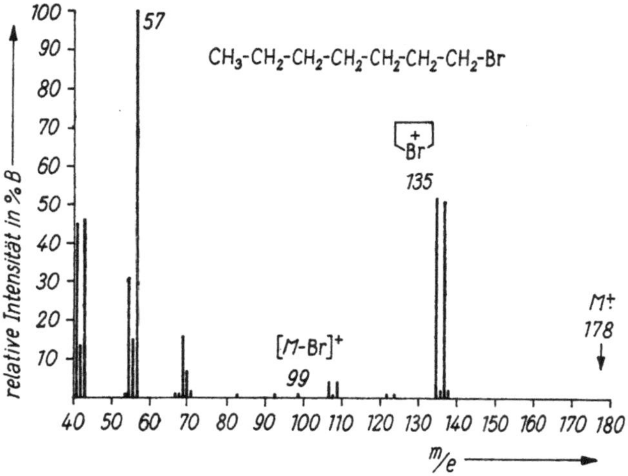

Abb. 51. 70 eV — Massenspektrum von 1-Chlorheptan

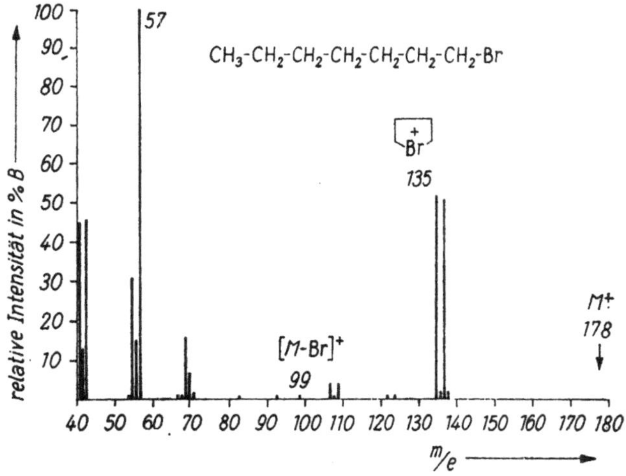

Abb. 52. 70 eV — Massenspektrum von 1-Bromheptan

den tertiären Alkylhalogeniden hin an, weil die entstehenden primären, sekundären und tertiären Alkylkationen auf Grund des induktiven Effektes der Alkylketten zunehmend stabilisiert werden. Die Spektren dieser Verbindungen gleichen deshalb vielfach denen von gesättigten Kohlenwasserstoffen.

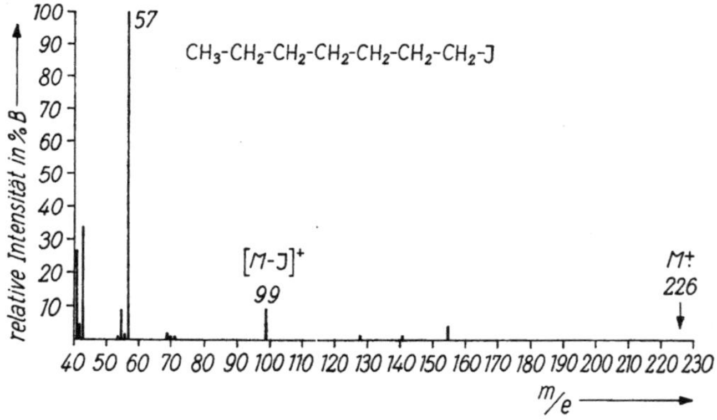

Abb. 53. 70 eV – Massenspektrum von 1-Jodheptan

Sehr charakteristisch für die Massenspektren von primären Alkylhalogeniden sind Fragmente der Bruttozusammensetzung $[C_4H_8X]^+$, für die eine cyclische Struktur angenommen wird:

91 135

Halogensubstituierte Arene fragmentieren in gleicher Weise wie die Halogenalkane. Darüber hinaus werden bei entsprechenden strukturellen Voraussetzungen Tropyliumkationen gebildet.

7.18. Thiole

$M^{+\cdot}$: Mittlere bis hohe Intensität
Typische MZ: 45, 46, 47, 61

Die massenspektrometrische Fragmentierung der Thiole weist Ähnlichkeiten zu der in den Alkoholen auf. Auf Grund der besseren Stabilisierung der positiven Ladung am Schwefel gegenüber dem Sauerstoff haben jedoch sowohl der Molekülionenpeak und die schwefelhaltigen Fragmentpeaks eine wesentlich höhere Intensität als die vergleichbaren sauerstoffhaltigen Peaks. Durch Oniumspaltung entsteht das für Thiole charakteristische Fragment mit der Massenzahl 47, vgl. Abb. 54:

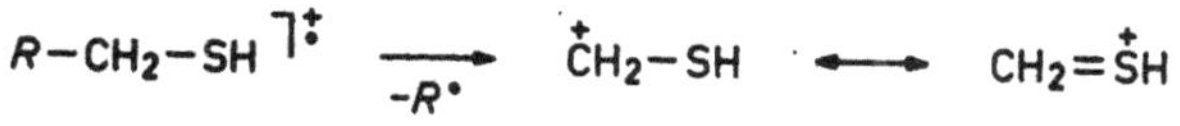

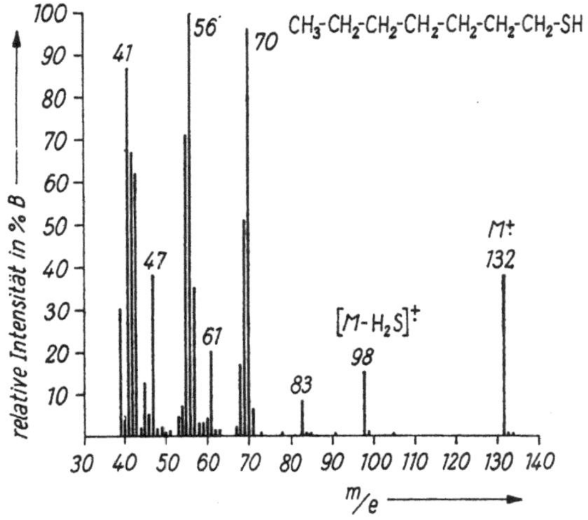

Abb. 54. 70 eV – Massenspektrum von 1-Heptanthiol

Weitere wichtige Fragmente liegen bei den Massenzahlen 61 und 98. Ersteres entsteht durch Spaltung der zur funktionellen Gruppe β, γ-ständigen C—C-Bindung:

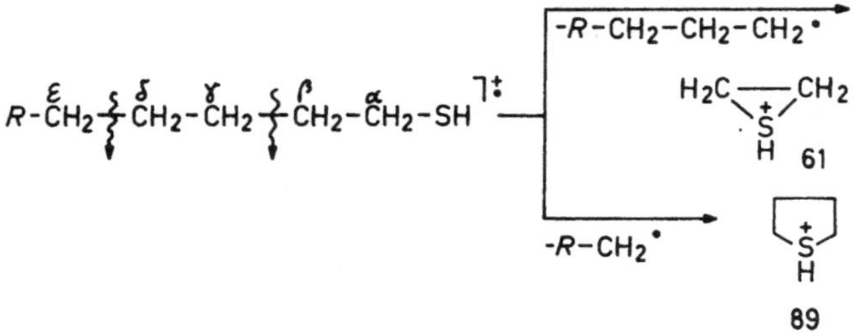

Letzteres durch Abspaltung von H_2S aus $M^{+\cdot}$. Vielfach wird auch ein Bruchstück der Zusammensetzung $[M—HS]^+$ beobachtet. Manchmal tritt auch das Fragment 89 auf, dessen Struktur aus obiger Formel hervorgeht.

Bei sekundären Thiolen dominieren Oniumspaltungen, wobei das Fragment mit der kleineren Alkylgruppe meist die höhere Intensität aufweist.

Thiophenol zerfällt analog zum Phenol unter Abspaltung von CS sowie von CSH-Radikalen. Dabei entstehen Cyclopentadien mit der Massenzahl 66 bzw. das Cyclopentadienylkation mit der Massenzahl 65:

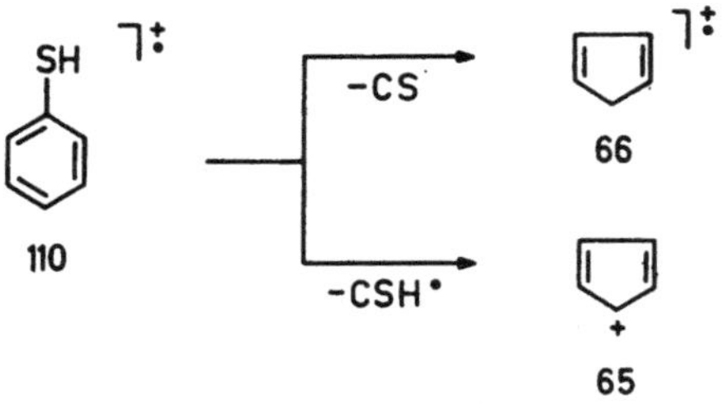

7.19. *Thioäther*

$M^{+\cdot}$: Mittlere bis hohe Intensität
Typische *MZ*: 35, 45, 46, 47, 48, 61, 62, 75, 76

Die wichtigsten massenspektrometrischen Zerfallsreaktionen der Thioäther sind Oniumspaltungen und

Alkylspaltungen. Im Massenspektrum des Di-n-propylsulfids, Abb. 55, z. B. ist das Fragment mit der Massenzahl 89 durch Oniumspaltung und das Bruchstück mit der Massenzahl 75 durch Alkylspaltung entstanden.

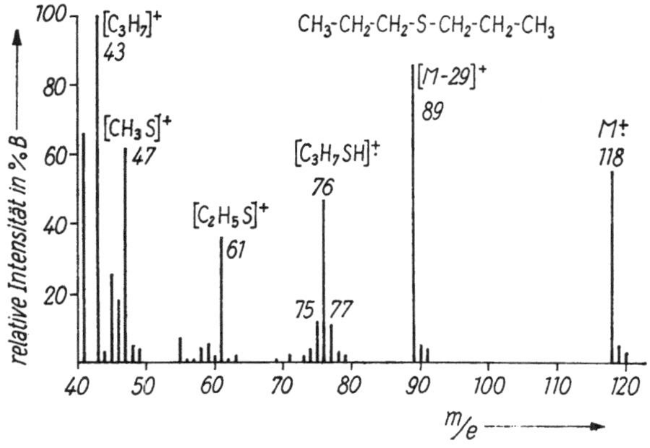

Abb. 55. 70 eV – Massenspektrum von Di-n-propylsulfid

Andere charakteristische Fragmentpeaks liegen bei den *MZ* 76 und 77. Sie werden von Bruchstücken der Zusammensetzung $[C_3H_7SH]^{+\cdot}$ bzw. $[C_3H_7SH_2]^+$ belegt, die im Verlauf intramolekularer Wasserstoffumlagerungen und nachfolgender Bindungsspaltung entstehen.

Typisch für die Massenspektren der Thioäther sind weiterhin zum Teil recht intensive Peaks bei den *MZ* 45, 46, 47, 48, 61, 62, 74, 75, 76 u. a., die durch schwefelhaltige Bruchstücke belegt werden. Außerdem erscheint in vielen Fällen bei der Massenzahl 35 ein Fragment der Zusammensetzung $[H_3S]^+$.

Cyclische Thioäther wie z. B. Thiacyclohexan, Abb. 56, zerfallen in analoger Weise wie die kettenförmigen Verbindungen. Durch Oniumspaltung wird die α-β-C—C-

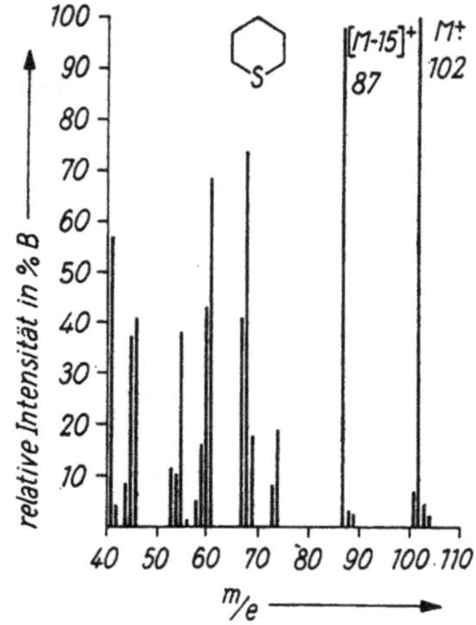

Abb. 56. 70 eV – Massenspektrum von Thiacyclohexan

Bindung gespalten und durch Alkylspaltung die C—S-Bindung oder eine α-C—H-Bindung aufgebrochen:

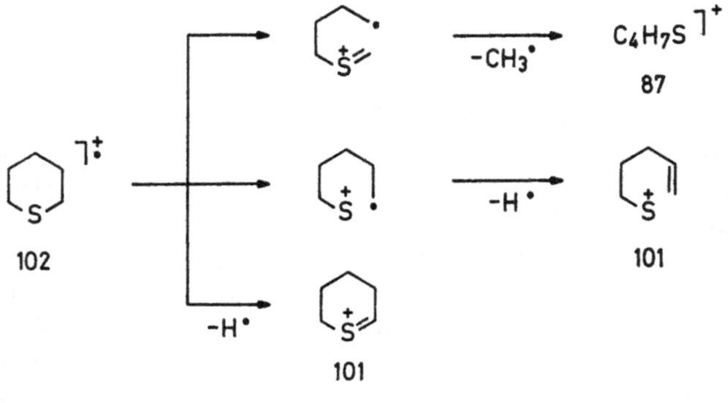

7.20. *Heterocyclische Verbindungen*

Die Ausführungen zum massenspektrometrischen Fragmentierungsverhalten heterocyclischer Verbindungen sollen sich im wesentlichen auf die Grundkörper Furan,

Thiophen und Pyrrol beschränken. Angaben über den massenspektrometrischen Abbau anderer heterocyclischer Verbindungen und ihrer Derivate sind z. B. in folgenden Arbeiten enthalten [15, 24, 25].

7.20.1. Furane

M$^{+\cdot}$: Hohe Intensität
Typische *MZ*: 39, 43, 53, 67, 81

Die dominierende Reaktion beim massenspektrometrischen Zerfall von Furan, vgl. Abb. 57, ist die Abspaltung eines CHO-Radikals aus dem Molekülion. Dabei entsteht das Fragment 39 mit der Zusammensetzung $[C_3H_3]^+$. Daneben treten Acetylen- und CO-Eliminierung in Erscheinung.

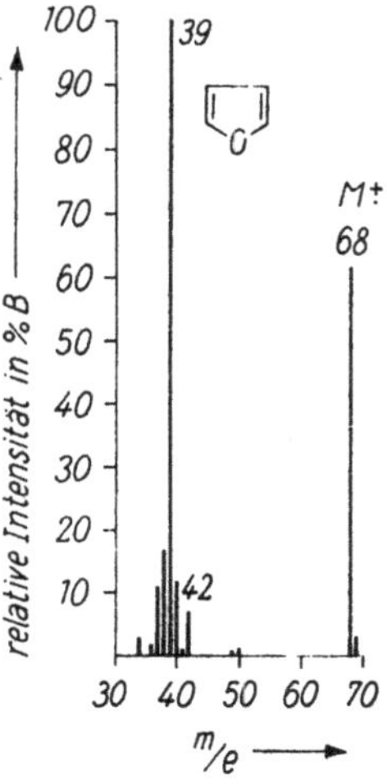

Abb. 57. 70 eV — Massenspektrum von Furan

Typisch für die Massenspektren der Alkylfurane ist das Pyryliumkation mit der Massenzahl 81, das durch Ringerweiterung entsteht:

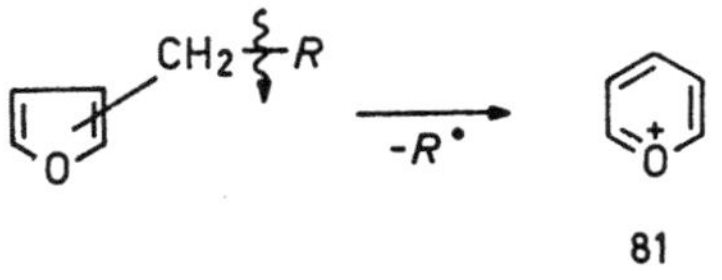

7.20.2. Thiophene

M+: Hohe Intensität
Typische *MZ*: 39, 45, 53, charakteristische Häufigkeitsverteilung der Schwefelisotope, vgl. 4.1.

Die Intensität des Molekülionenpeaks im Thiophen, vgl. Abb. 58, ist größer als im Furan, da der Schwefel die positive Ladung besser stabilisiert als der Sauerstoff.

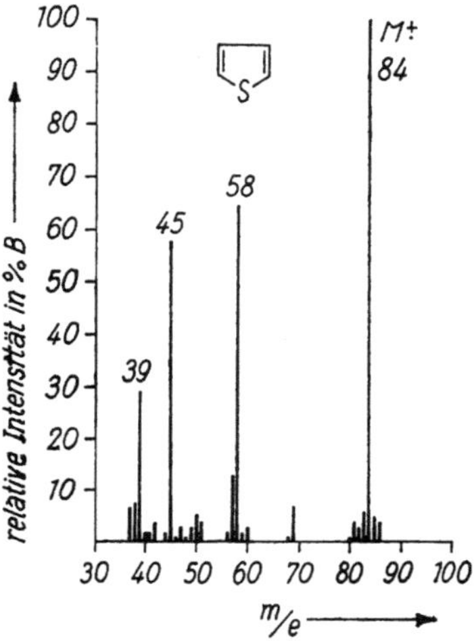

Abb. 58. 70 eV — Massenspektrum von Thiophen

Die wichtigste Primärzerfallsreaktion ist die Abspaltung von Acetylen aus dem Molekülion. Hierbei entsteht das Bruchstück $[C_2H_2S]^{+\cdot}$ mit der Massenzahl 58. Die intensiven Signale 45 und 39 werden von Fragmenten der Zusammensetzung $[CHS]^+$ bzw. $[C_3H_3]^+$ hervorgerufen. In Analogie zu den Furanen tritt beim Abbau der Alkylthiophene das Thiapyryliumkation auf.

7.20.3. Pyrrole

$M^{+\cdot}$: Hohe Intensität

Der massenspektrometrische Abbau des Pyrrols, Abb. 59, erfolgt analog zu dem des Furans bzw. des Thiophens.

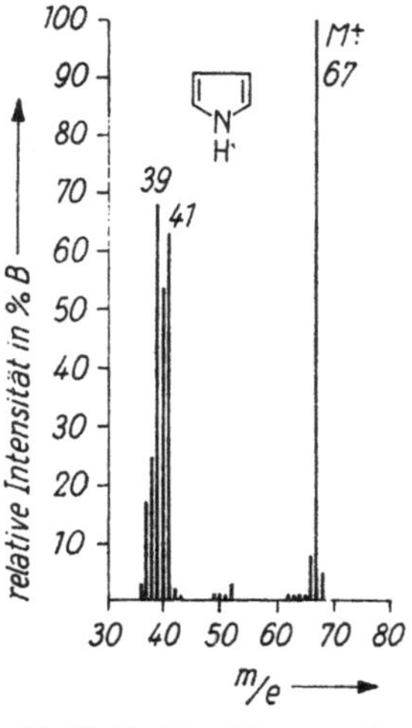

Abb. 59. 70 eV — Massenspektrum von Pyrrol

Die Eliminierung von HCN führt zum Fragment 40 und die Abspaltung von Acetylen zum Fragment 41. Das Ion 39 hat die Zusammensetzung $[C_3H_3]^+$.

Alkylpyrrole lagern sich in Analogie zu den Alkylfuranen zu Pyridiniumionen um, die im Spektrum ein ntensives Signal bei der Massenzahl 80 aufweisen:

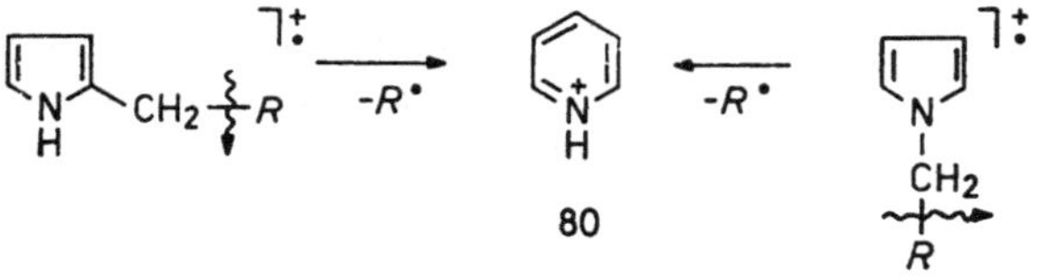

7.21. *Organometallische Komplexe*

Auch zum massenspektrometrischen Abbau von organometallischen Komplexen liegen zahlreiche Arbeiten vor, vgl. z. B. [26].

Für die Untersuchung dieser Verbindungen werden prinzipiell die gleichen Anforderungen an die Probe gestellt, wie sie auch von den übrigen organischen Verbindungen gefordert werden. Das heißt, sie müssen einen Mindestdampfdruck von etwa 10^{-4} Pa aufweisen und sollen ohne Zersetzung verdampfbar sein. Das letztgenannte Kriterium ist meist nur schwer zu realisieren, da in der Ionenquelle und auch bereits im Einlaßteil thermische und katalytische Zersetzungserscheinungen nicht ganz auszuschließen sind. Besonders mehrkernige Komplexe dissoziieren bereits beim Verdampfen, so daß z. B. die massenspektrometrisch bestimmten Molmassen sehr stark von den mittels anderer Methoden bestimmten Werten abweichen können.

Für die Deutung der Massenspektren von organometallischen Komplexen hat sich das Konzept der lokalisierten Ladung, vgl. 5.3., gut bewährt. Im Molekülion ist die positive Ladung am Metallatom lokalisiert. *MO*-Berechnungen für Metallkomplexe haben gezeigt, daß die höchsten besetzten Molekülorbitale nur schwach bindend oder antibindend sind. Dies steht im Einklang mit den für Komplexe gefundenen Ionisierungsenergien.

Die Ionisierungspotentiale von organometallischen Komplexen werden von dem des Metalls und auch vom Ionisierungspotential des Liganden bestimmt, vgl. Tab. 4. Liganden mit niedrigem Ionisierungspotential, d. h. Liganden mit Elektronendonatoreigenschaften, verringern das Ionisierungspotential des Komplexes gegenüber dem des freien Metalls, Liganden mit hohem Ionisierungspotential, d. h. Liganden mit Elektronenakzeptoreigenschaften, erhöhen das Ionisierungspotential.

Tabelle 4

Ionisationspotentiale (*IP*) einiger Chrom- und Eisenkomplexe und Liganden

Komplex			Ligand	
	IP [$kJmol^{-1}$]	(*IP* [eV])	*IP* [$kJmol^{-1}$]	(*IP* [eV])
$Cr(CO)_6$	791,3	(8,20)	1352,0	(14,01)
$Cr(C_5H_5)_2$	604,1	(6,26)	838,5	(8,69)
Cr(*ACAC*)$_3$	759,4	(7,87)	888,8	(9,2)
Cr(*TFAC*)$_3$	877,2	(9,09)	945,7	(9,8)
Cr(*HFAC*)$_3$	962,1	(9,97)	1113,6	(11,55)
$Fe(CO)_5$	785,5	(8,14)		
$Fe(C_5H_5)_2$	690,0	(7,15)		
Fe(*ACAC*)$_3$	833,8	(8,64)		
Fe(*TFAC*)$_3$	905,2	(9,38)		
Fe(*HFAC*)$_3$	997,8	(10,34)		

Cr 652,3 $kJmol^{-1}$ (6,76 eV); Fe 7,87 $kJmol^{-1}$ (759,4 eV)
ACAC – Acetylacetonyl
TFAC – Trifluoracetylacetonyl
HFAC – Hexafluoracetylacetonyl

Die Lokalisierung der positiven Ladung am Metallatom steht im Einklang mit folgenden Tatsachen:

- Die wichtigsten Fragmentierungsreaktionen werden weitestgehend durch das Zentralatom des Komplexes bestimmt.
- Es bestehen deutliche Unterschiede im Fragmentierungsverhalten von Komplexliganden und freien Liganden.
- Beim Abbau von Komplexen verbleibt die Ladung am metallhaltigen Fragment.

Bei der Fragmentierung von organometallischen Komplexen lassen sich drei grundlegende Reaktionen beobachten.

— (*a*) Spaltung der Metall-Ligand-Bindung
— (*b*) Bindungsspaltung innerhalb des Liganden
— (*c*) Umlagerungsreaktionen

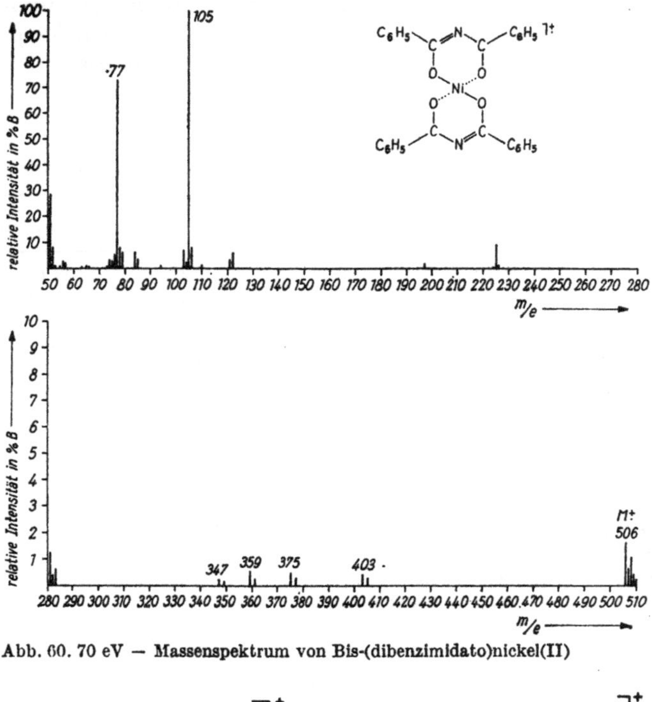

Abb. 60. 70 eV — Massenspektrum von Bis-(dibenzimidato)nickel(II)

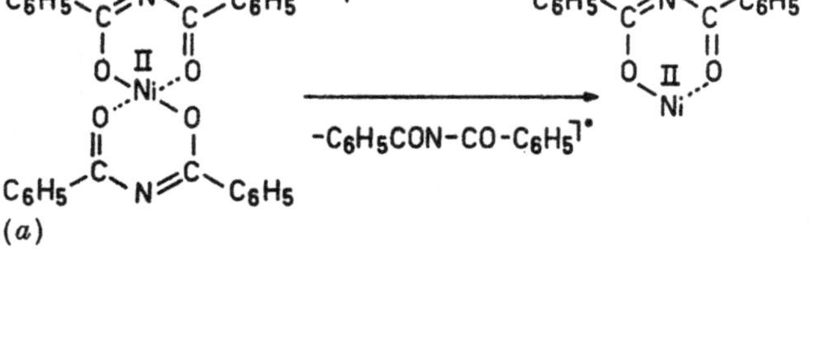

(*a*)

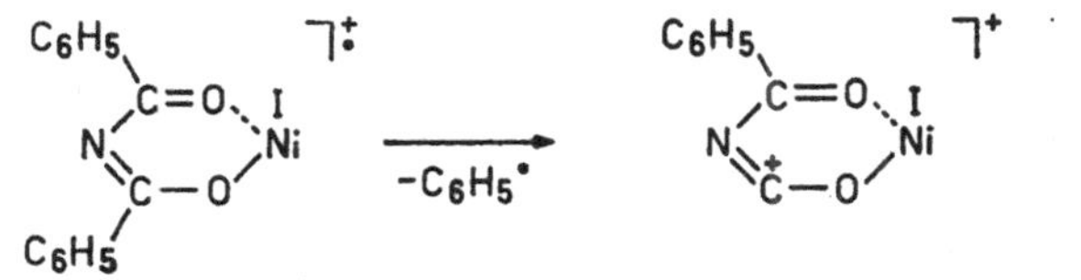

(*b*)

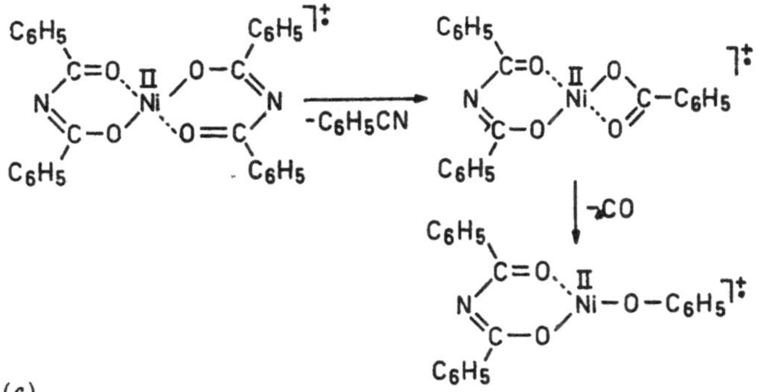

(*c*)

Durch die Verlagerung der Radikalstelle vom Metall zum Liganden erfolgt ein Übergang des Nickels von der zweiwertigen in die einwertige Form, vgl. (*b*).

Die Spaltung der Metall-Liganden-Bindung tritt vor allem in solchen Fällen auf, wenn der Ligand als stabiles Neutralmolekül abgespalten werden kann. Weiterhin wirken sich aber auch die Elektronenakzeptor- bzw. die Elektronendonatoreigenschaften der Liganden auf die Spaltreaktionen aus.

Als Elektronenakzeptor wirkende Liganden wie CO, NO, H, CH_3 oder PH_3 werden leicht eliminiert. Liganden mit Elektronendonatoreigenschaften wie Arene, Amine, Thioäther u. a. stabilisieren die Bindung zum positiv geladenen Zentralatom und werden dagegen kaum abgespalten.

Enthält ein Komplex mehrere Liganden, dann erfolgt wie durch metastabile Peaks bewiesen werden konnte, die Eliminierung schrittweise. Auf Grund dieser Tatsache können nach Messung des Ionisierungspotentials des

Komplexes und der Auftrittspotentiale der entsprechenden Fragmente die Bindungsenergien zwischen dem Metallatom und dem einzelnen Liganden berechnet werden, vgl. 10.

Weiterhin lassen sich aus dem Intensitätsverhältnis der Fragmentionen, die das Zentralatom enthalten, zu denen, die metallfrei sind, Aussagen über die Gesamtstabilität des Komplexes gewinnen, die mit den Komplexbildungskonstanten in Lösung korrelieren. Die Unterscheidung der metallhaltigen von den metallfreien Fragmenten ist an Hand der vielfach sehr charakteristischen Häufigkeitsverteilung der natürlichen Isotope möglich.

Bindungsspaltungen innerhalb der Liganden von Komplexen treten vor allen Dingen dann auf, wenn dadurch eine bessere Stabilisierung der Ladung oder die Entstehung von relativ energiearmen Neutralmolekülen erreicht werden kann. So beobachtet man z. B. bei Komplexen, die Cyclohexadiene als Liganden enthalten, H_2-Abspaltung, da auf diese Weise Benzol-Komplexe gebildet werden können:

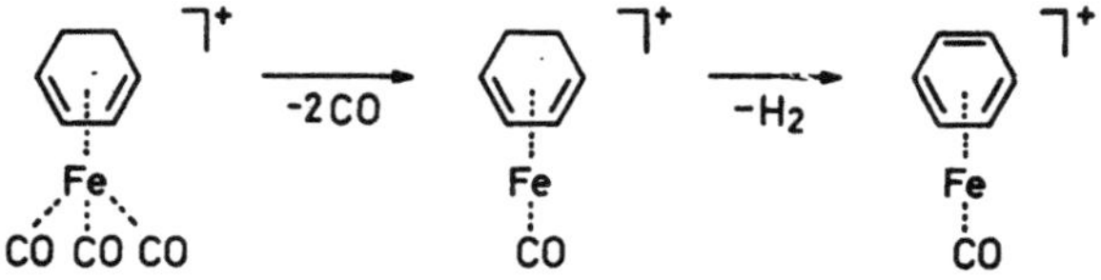

Umlagerungen an organometallischen Komplexen sind wesentlich häufiger und vor allem vielseitiger als bei organischen Verbindungen, da das Zentralatom die gebildeten neuen Strukturen stabilisiert, vgl. [26, 27].

7.22. *Naturstoffe*

Die Massenspektrometrie ist auch für die Lösung von Problemen aus dem Bereich der Naturstoffchemie eine sehr aussagefähige Methode. Vor allem in Kombination mit chromatographischen Trennmethoden wie Gaschromatographie und Dünnschichtchromatographie ist sie zum Nachweis und zur Identifizierung kleinster Mengen von Naturstoffen geeignet.

Die Palette der untersuchten Naturstoffe ist vielfältig, z. B. Alkaloide, Steroide, Isoprenoide, Lipide, Kohlenhydrate, Peptide, Nucleotide, Farbstoffe, Riechstoffe u. a.

Im Rahmen der vorliegenden Arbeit kann das massenspektrometrische Fragmentierungsverhalten von Naturstoffen aus Platzgründen nicht abgehandelt werden. Es wird daher auf zusammenfassende Arbeiten in der Literatur verwiesen [15, 28, 29].

8. Interpretation von Massenspektren

Aus den vorangegangenen Abschnitten ist ersichtlich, daß die erfolgreiche Ermittlung der Struktur einer organischen Verbindung aus dem Massenspektrum ein großes Maß an Wissen und Erfahrung voraussetzt. Beide Forderungen sind für die Massenspektrometrie noch wesentlich bedeutungsvoller als für andere spektroskopische Methoden wie UV- und NMR-Spektroskopie, da in der Massenspektrometrie das Aussehen des Spektrums vom Gesamtmolekül bestimmt wird, während bei den anderen genannten Methoden die Spektren durch bestimmte funktionelle Gruppen oder definierte Molekülteile geprägt werden [16].

Im Abschnitt 8. sollen einige grundlegende Erläuterungen gegeben werden, die bei der Interpretation von Massenspektren beachtet werden müssen. Die Angabe eines allumfassenden Algorithmus, der zur Lösung aller vorkommenden Probleme verwendet werden kann, ist (noch) nicht möglich. Auch die hier gebrachten Erläuterungen zum Fragmentierungsverhalten einzelner Verbindungsklassen müssen stets für das zu lösende Problem modifiziert werden, da z. B. die Anwesenheit einer weiteren funktionellen Gruppe im Molekül starke Veränderungen im Massenspektrum nach sich ziehen kann [30].

Die Interpretation von Massenspektren ist also eine zutiefst schöpferische Aufgabenstellung.

8.1. Vorkenntnisse

Die Interpretation des Massenspektrums einer Probe, über die überhaupt keine Kenntnisse vorliegen, kommt äußerst selten vor. Meist sind vor allem auf Grund der Herkunft Vorstellungen oder Kenntnisse zur Reinheit, zur Elementarzusammensetzung oder/und zur Struktur vorhanden, über die man sich in jedem Fall informieren sollte. Je mehr Vorkenntnisse vorliegen, um so vollständiger und gesicherter ist das erreichbare Resultat der Interpretation.

8.1.1. Herkunft der Probe

Für viele Proben lassen sich auf Grund des Syntheseweges ziemlich genaue Vorstellungen zur Struktur herleiten. Dies gilt auch für die Struktur möglicher Nebenprodukte und Verunreinigungen, die ebenfalls im Massenspektrometer abgebaut werden und dann im Spektrum entsprechende Signale aufweisen.

Bei Naturstoffen können auf Grund ihres Vorkommens Schlußfolgerungen über die mögliche Zusammensetzung abgeleitet werden.

8.1.2. Reinheit der Probe

Verunreinigungen in einer massenspektrometrisch untersuchten Probe können die Ursache von Fehlinterpretationen sein.

Es ist deshalb wichtig, Informationen über die Reinheit und über die Methode, nach der die Reinheit bestimmt worden ist, zu besitzen.

Für die Untersuchung von Strukturproblemen sollte die Reinheit der Probe mindestens 95% betragen. Verunreinigungen wirken sich in unterschiedlichem Maße auf das Spektrum aus. Besonders schwer zu erkennen sind Verunreinigungen mit ähnlicher Struktur (Isomere, Homologe usw.), da diese im Massenspektrum Peaks gleicher Massenzahlen belegen wie die zu untersuchende Verbindung und die Intensitätswerte dieser Peaks verfälschen, vgl. auch 11.

Die quantitative Abschätzung der Verunreinigungen durch Vergleich der Molpeakintensitäten ist nur dann möglich, wenn die Empfindlichkeitskoeffizienten, vgl. 11., bekannt sind. In allen anderen Fällen können beträchtliche Fehler auftreten.

Lösungsmittelreste stören nicht in dem Maße, da auf Grund des meist relativ niedrigen Siedepunktes im Einlaßteil eine fraktionierte Verdampfung erfolgt und das Lösungsmittelspektrum vor dem Massenspektrum der Probe erscheint. Weiterhin lassen sich Lösungsmittel durch die Belegung von charakteristischen Peaks leicht erkennen, und die Intensitätswerte können dann unter Zuhilfenahme von Vergleichsspektren, vgl. 18.1., von denen des registrierten Massenspektrums abgezogen werden.

Die bekannten Methoden zur Reinheitsprüfung sind für die Massenspektrometrie von unterschiedlichem Wert. So zeigt die quantitative Elementaranalyse nur Verunreinigungen mit stark abweichender Zusammensetzung an. Der Peak einer gaschromatographisch einheitlichen Probe kann durch mehrere Verbindungen mit nahe beieinanderliegenden Retentionsindices hervorgerufen werden.

Es ist daher zu empfehlen, nach Möglichkeit eine zusätzliche massenspektrometrische Reinheitskontrolle vorzunehmen. Bei Kenntnis der Molmasse können Verunreinigungen aus dem Auftreten von Signalen mit größeren Massenzahlen als die Molmasse sowie aus der Anwesenheit von Signalen, die zu $M^{+\cdot}$ keine chemisch sinnvollen Massendifferenzen ergeben, erkannt werden. Für die gebräuchlichsten organischen Verbindungen liegen letztere Signale bei den Massenzahlen $[M-4]$ bis $[M-14]$ sowie von $[M-21]$ bis $[M-24]$. Es soll an dieser Stelle darauf hingewiesen werden, daß Signale bei der Massenzahl $[M-14]^{+\cdot}$ stets auf die Anwesenheit von homologen Verbindungen hindeuten. Methylenabspaltung aus dem Molekülion, die ebenfalls zum Fragment $[M-14]^{+\cdot}$ führen würde, ist bisher nicht beobachtet worden.

8.1.3. Elementaranalyse

Trotz der im Abschnitt 8.1.2. genannten Einschränkung ist die quantitative Elementaranalyse eine wertvolle Hilfe für die Interpretation von Massenspektren. Meist kann aus ihr die Verhältnisformel abgeleitet werden. Aus der quantitativen Elementaranalyse und aus dem Massenspektrum lassen sich aber fast immer eine brauchbare Summenformel und die Molmasse ermitteln. Dies gilt auch für solche Verbindungen, in deren Spektrum kein Molpeak zu finden ist. In diesen Fällen muß vom letzten intensiven Peak auf $M^{+\cdot}$ extrapoliert werden.

8.1.4. Informationen aus anderen Spektren

Die Interpretation von Massenspektren kann wesentlich vereinfacht und verfeinert werden, wenn es gelingt, Informationen aus anderen Spektren zur Interpretation herauszuziehen. So liefern z. B. die Infrarotsprektren Aussagen über funktionelle Gruppen [22], die Protonenresonanzspektren geben Informationen über den Aufbau des Kohlenwasserstoffgerüstes sowie über Protonen an funktionellen Gruppen [31] und aus den Ultraviolettspektren kann man Hinweise auf chromophore Gruppen entnehmen [22]. Ganz allgemein muß gesagt werden, daß die Kombination der Aussagen aus den vier genannten Spektren zusammen mehr als die einfache Summe der Informationen ergibt.

8.2. Molmasse

Die Molmasse ist eine der grundlegendsten Informationen, die die Massenspektrometrie zu geben vermag. Die mittels der niederauflösenden Massenspektrometrie bestimmten Molmassen sind ganzzahlig. Sie entsprechen der physikalischen Molmasse und berücksichtigen meist nur das häufigste Isotop.

Bei der Bestimmung der chemischen Molmasse, z. B. mit Hilfe der Kryoskopie oder der Ebullioskopie, wird die natürliche Isotopenhäufigkeitsverteilung erfaßt und man erhält keine ganzzahligen Molmassen. Physikalische und chemische Molmasse können beträchtlich voneinander abweichen. So ist z. B. die massenspektrometrisch bestimmte Molmasse von Tribrommethan (Bromoform) 250, während die chemische Molmasse 252,75 beträgt.

8.3. Bestimmung der Summenformel

Nachdem die Molmasse der untersuchten Verbindung bekannt ist, können mit Hilfe der Stickstoffregel, vgl. 4.1., und der charakteristischen Isotopenmuster sowie aus den Intensitäten der Isotopenpeaks Aussagen über die Summenformel gemacht werden.

Die Anwesenheit und die Anzahl der Atome der Elemente Chlor, Brom und Bor sowie zahlreicher Metalle, z. B. in metallorganischen Verbindungen, lassen sich auf Grund der charakteristischen Isotopenhäufigkeitsverteilungsbilder meist sofort erkennen.

Sind die Isotopenmuster weniger charakteristisch, wie

z. B. im Fall von Kohlenstoff, Schwefel oder Silicium, dann kann die Anzahl der anwesenden Atome aus den Intensitätsverhältnissen Molekülionenpeak und Isotopenpeak berechnet werden, vgl. 4.1.

Aussagen über die Anzahl der Elemente, die nicht durch diese Isotopenbilder auffallen, wie Wasserstoff, Sauerstoff u. a., lassen sich nur auf indirektem Wege, z. B. durch Kombination oder Ergänzen zur Molmasse gewinnen.

Die genaue Bestimmung der Summenformel ist mittels Hochauflösungsmessungen, vgl. 12., möglich.

8.4. Spektrenvergleiche

Ähnlich wie in der Infrarot- oder in der UV-Spektroskopie läßt sich die Zuordnung der Massenspektren auch mit Hilfe von eigenen oder aus der Literatur entnommenen Vergleichsspektren vornehmen. Die Spektrenvergleichstechnik bringt besonders bei monofunktionellen Verbindungen bis zu einer Molmasse von 150 gute Erfolge. Trotzdem wird die Identifikation von Massenspektren durch Spektrenvergleich wahrscheinlich nicht die Bedeutung erlangen, die sie in der Infrarotspektroskopie hat.

Die Reproduzierbarkeit von Massenspektren, die mit verschiedenen Geräten aufgenommen worden sind, ist meist schlechter als bei anderen spektroskopischen Methoden, da diese außer durch die verschiedensten Geräteparameter schon von relativ geringen Temperaturschwankungen in der Ionenquelle stark beeinflußt werden können.

Besonders empfindlich auf Temperaturschwankungen reagieren die Alkane. Aus den Spektren des Hexadecans bei 70 eV und bei 12 eV, jeweils bei 100 °C und bei 200 °C Ionenquellentemperatur, vgl. Abb. 61a—d, geht hervor, daß die durch die Variation der Temperatur hervorgerufenen Veränderungen im Spektrum augenfälliger sind als die Unterschiede zwischen 70 eV- und 12 eV-Spektren.

Hinzu kommt, daß ein visueller Spektrenvergleich mit beträchtlichem Zeitaufwand verbunden ist. Man hat daher vielfach versucht, die Spektreninterpretationen

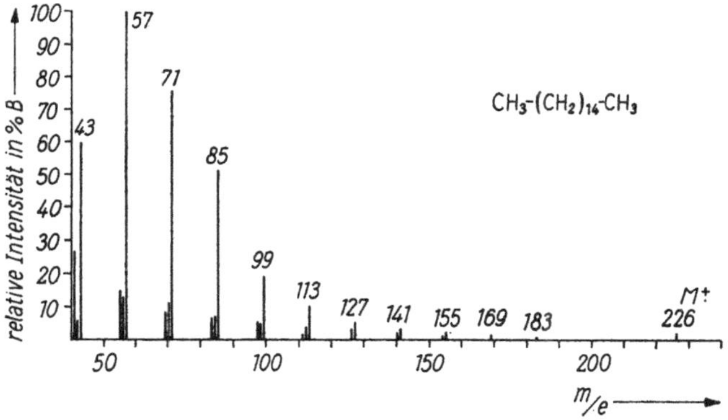

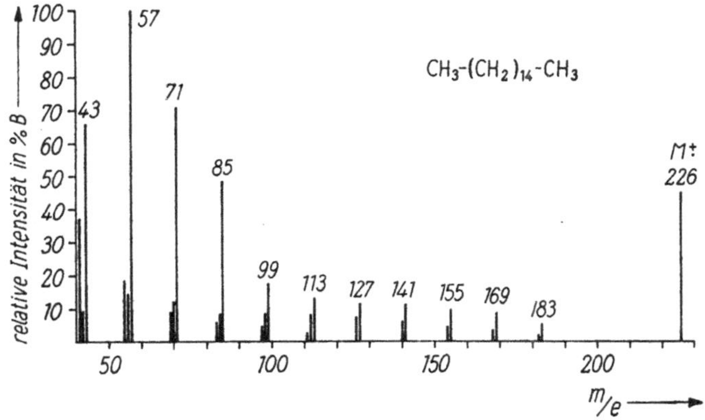

Abb. 61. Massenspektren von Hexadecan
a) 70 eV und 200 °C Ionenquellentemperatur
b) 70 eV und 100 °C Ionenquellentemperatur

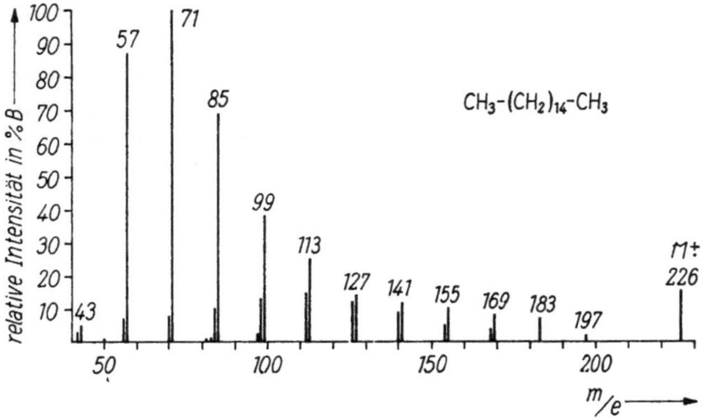

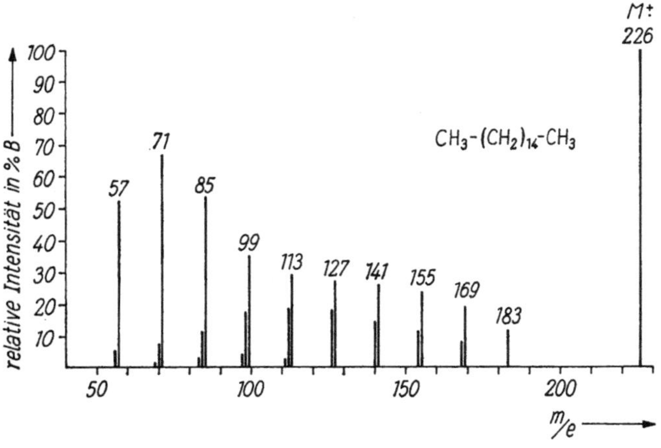

Abb. 61. Massenspektren von Hexadecan
c) 12 eV und 200 °C Ionenquellentemperatur
d) 12 eV und 100 °C Ionenquellentemperatur

elektronischen Datenverarbeitungsanlagen zu übertragen. Im einfachsten Falle wird einem Computer, der einen Spektrenkatalog gespeichert hat, das Spektrum zum Vergleich eingegeben, z. B. [32]. Voraussetzung für diese Arbeitsweise ist das Vorliegen einer umfassenden, verläßlichen und computergerechten Spektrensammlung. Vielfach wird daher versucht, den Entscheidungsvorgang nachzuvollziehen, den ein geübter Spektrenauswerter vornimmt, vgl. auch 8.5. Die Grenze dieses Vorgehens liegt in der unvollständigen Kenntnis aller möglichen Fragmentierungswege. Aussichtsreich erscheint der Einsatz von Lernmaschinen zur Spektreninterpretation. Der verwendete Computer muß zunächst in einem Iterationsprozeß innerhalb eines Lernprogramms einen auf eine bestimmte Fragestellung orientierten Vektor trainieren und dann auf das zu interpretierende Spektrum anwenden. Auf diese Weise kann durch eine einfache ja—nein-Entscheidung z. B. auf das Vorhandensein von Heteroatomen, von funktionellen Gruppen und/oder an deren Strukturelementen geschlossen werden [33].

Zur Lösung spezieller Aufgabenstellungen, wie z. B. zur Isomerenzuordnung von Alkanen, haben sich einfache Selektionsprogramme bewährt, vgl. [34].

8.5. Allgemeiner Spektrencharakter

Wie bereits erwähnt, wird in der Massenspektrometrie das Spektrum vom gesamten Molekül geprägt. Man kann demzufolge aus der Anordnung und der Intensitätsverteilung der Peaks erste Informationen über die Struktur der untersuchten Verbindung entnehmen. In diesem Zusammenhang sei z. B. auf die typische Verteilung der Intensitäten der Fragmentpeaks in den Alkanen verwiesen, vgl. 7.1. Herausragende intensive Peaks geben Hinweise auf bevorzugte Zerfallsreaktionen, eine Gleichverteilung der Intensitäten der Signale deutet darauf hin, daß unter den Arbeitsbedingungen keine Abbaureaktion wesentlich begünstigt ist.

Die Anwesenheit von doppelt geladenen Bruchstücken, vgl. 4.4., spricht meist für benzoide Strukturen. Die periodische Verteilung der Signale im Abstand von 14 Masseneinheiten läßt auf längere Alkylketten schließen.

Die Isotopenmuster von Fragmentionen lassen in analoger Weise, wie für M^+ erläutert, Rückschlüsse auf die Elementzusammensetzung dieser Ionen zu.

Weiterhin können, wie aus Abschnitt 7. hervorgeht, aus der Intensität des Molekülionenpeaks und aus der Anwesenheit von Fragmenten mit typischen Massenzahlen Anhaltspunkte über die vorligende Verbindungsklasse entnommen werden.

Wertvolle Hilfen für die Zuordnung von Massenspektren sind die Schlüsselbruchstücke, vgl. 8.5.1., und die $[M-X]$-Signale, vgl. 8.5.2.

8.5.1. Schlüsselbruchstücke

Schlüsselbruchstücke treten vor allem im unteren Massenbereich auf und lassen Rückschlüsse auf bestimmte Strukturelemente wie z. B. funktionelle Gruppen zu. Einschränkend muß jedoch noch einmal betont werden, daß die Massenspektrometrie zur Bestimmung funktioneller Gruppen wesentlich weniger geeignet ist als z. B. die Infrarotspektroskopie.

In Tab. 5 sind eine Reihe wichtiger Schlüsselbruchstücke angegeben.

8.5.2. $[M-X]$-Ionen

Die Bruchstücke im niederen Massenbereich können das Ergebnis der verschiedenartigsten Abbaureaktionens sein. Fragmentionen mit Massenzahlen in der Nähe des Molekülionenpeaks sind eindeutiger zuzuordnen. Sie entstehen meist unmittelbar durch Abspaltung von Radikalen oder Neutralteilen X aus dem Molekülion, und sind somit wichtige Zuordnungshilfen. In der Tab. 6 sind einige wesentliche $[M-X]$-Ionen zusammengefaßt.

Tabelle 5

Wichtige Schlüsselbruchstücke

MZ	mögliche Konstitution	Hinweis auf
29	$[CHO]^+$	O-haltige Verbindungen
29	$[C_2H_5]^+$	Alkylgruppen
30	$[NO]^+$	Nitroverbindungen
30	$CH_2=\overset{+}{N}H_2$	Amine
31	$CH_2=\overset{+}{O}H$	Alkanole, Äther
33	$[HS]^+$	Thiole
36/38	$[HCl]^{+\cdot}$	Chlorverbindungen
39	$[C_3H_3]^+$	benzoide und heterocycliche Verbindungen
43	$[C_3H_7]^+$	Alkylgruppen
43	$[CH_3CO]^+$	Acetylverbindungen
44	$[CO_2]^+$	Zersetzung der Probe
44	$[C_2H_6N]^{+\cdot}$	Amine
45	$[CH_3-CH=\overset{+}{O}H]$	Alkanole
45	$[CH_3-O=CH_2]^+$	Methyläther
45	$[COOH]^+$	Carbonsäuren
45	$(CHS]^+$	Thiole, Thioäther
46	$[CH_2S]^{+\cdot}$	Thiole, Thioäther
47	$[CH_2=SH]^+$	Thiole, Thioäther
51	$[C_4H_3]^+$	Arene
55	$[C_4H_7]^+$	Alkene, Cycloalkane
55	$[CH_2=CH-CO]^+$	Cycloalkanone
57	$[C_4H_9]^+$	Alkylgruppen
57	$[CH_3-CH_2-CO]^+$	Äthylketone
57	$[CH_2=CH-CH=OH]^+$	Cycloalkanole
58	$[CH_2=C(OH)-CH_3]^{+\cdot}$	Alkanone
58	$[(CH_3)_2N=CH_2]^+$	Amine
59	$[CH_3-C(CH_3)=OH]^+$	Alkanole, Äther
60	$[CH_2=C(OH)_2]^{+\cdot}$	Carbonsäuren
60	$[CH_2-O-NO]^+$	Nitrite
61	$[C_2H_5S]^+$	Thiole
65	$[C_5H_5]^+$	Benzylverbindungen
69	$[C_5H_9]^+$	Alkene, Cycloalkane
71	$[C_5H_{11}]^+$	Alkylgruppen
71	$[C_3H_7CO]^+$	Propylketone, Buttersäureester
72	$[C_3H_7-CH=NH_2]^+$	Amine
73	$[C_4H_9O]^+$	Carbonsäuren, Äther, Alkanole
73	$[(CH_3)_3Si]^+$	Trimethylsilylverbindungen
74	$[CH_2=C(OH)OCH_3]^{+\cdot}$	Methylester
75	$[(CH_3)_2-Si=OH]^+$	Trimethylsilyläther

Tabelle 5 (Fortsetzung)

MZ	mögliche Konstitution	Hinweis auf
77	$[C_6H_5]^+$	Arene
79/81	$[Br]^+$	Bromverbindungen
80	$[C_5H_6N]^+$	Pyrrolverbindungen
81	$[C_5H_5O]^+$	Furanverbindungen
85	$[C_6H_{13}]^+$	Alkylverbindungen
85	$[C_5H_9O]^+$	Tetrahydropyrane
86	$[C_4H_9CH{=}NH_2]^+$	Amine
89	$[C_7H_5]^+$	heterocyclische Verbindungen
91	$[C_7H_7]^+$	Benzylverbindungen
92	$[C_6H_6N]^+$	Alkylpyridine
91/93	$[C_4H_8Cl]^+$	Alkylchloride
94	$[C_6H_6O]^+$	Phenoläther
97	$[C_5H_5S]^+$	Alkylthiophen
99	$[C_7H_{15}]^+$	Alkylverbindungen
99	$[C_5H_9O_2]^+$	Ketale
105	$[C_8H_9]^+$	Alkylbenzole
105	$[C_6H_5CO]^+$	Benzoylverbindungen
121	$[C_8H_9O]$	Alkylphenole
127	$[J]^+$	Jodverbindungen
149	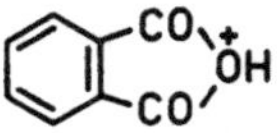	Phthalsäureester, Weichmacher

Tabelle 6

Charakteristische Massendifferenzen $M-X$ zwischen Molekül- und Fragmention

$[M-X]^{+\cdot}/[M-X]^+$	$X/X^\cdot$	Hinweis auf
$M-1$	H	–
$M-2$	H_2	–
$M-14$	–	Homologe?
$M-15$	CH_3	nicht spezifisch
$M-16$	O	Nitroverbindungen, Sulfoxide
$M-16$	NH_2	Amide
$M-17$	OH	O-haltige Verbindungen
$M-17$	NH_3	Aminoverbindungen
$M-18$	H_2O	Alkanole, Ketone, Alkanole
$M-19$	F	Fluoride
$M-20$	HF	Fluoride
$M-26$	C_2H_2	Arene
$M-27$	HCN	N-Heterocyclen, Nitrile

Tabelle 6 (Fortsetzung)

$[M-X]^{+\cdot}/[M-X]^+$	$X/X^{\cdot}$	Hinweis auf
$M-28$	C_2H_4	O-Heterocyclen, Phenole
$M-28$	CO	Chinone, Arylketone
$M-29$	CHO	
$M-29$	C_2H_5	Alkylverbindungen
$M-30$	C_2H_6	
$M-30$	NO	Nitroarene
$M-30$	CH_2O	Methoxyarene
$M-31$	OCH_3	Methylester
$M-32$	CH_3OH	Methylester
$M-32$	S	S-Verbindungen
$M-33$	HS	S-Verbindungen
$M-34$	H_2S	Thiole
$M-36$	HCl	Chlorverbindungen
$M-41$	C_3H_5	Propylester
$M-42$	CH_2CO	Acetoxyarene
$M-42$	C_3H_6	Propylverbindungen
$M-43$	C_3H_7	Alkylverbindungen
$M-43$	CH_3CO	Methylketone
$M-44$	CO_2	Ester, Anhydride
$M-45$	COOH	Carbonsäuren
$M-46$	NO_2	Nitroarene
$M-47$	HNO_2	Nitroalkane
$M-57$	C_4H_9	Butylester
$M-57$	C_2H_5CO	Äthylketone
$M-60$	CH_3COOH	Acetale
$M-64$	SO_2	Sulfone
$M-79/81$	Br	Bromverbindungen
$M-93$	C_6H_5O	Phenoxyverbindungen
$M-127$	J	Jodverbindungen

8.6. Fragmentierungswege

Für das Studium massenspektrometrischer Abbaureaktionen und für die Festlegung von Strukturvorschlägen erweist es sich als vorteilhaft, Fragmentierungswege auszuwählen.

Im allgemeinen geht man so vor, daß zunächst Signale in der Nähe des Molekülionenpeaks diskutiert und auf einfache chemische Reaktionen, vgl. 6., zurückgeführt werden. Das hat den Vorteil, daß die einzelnen Abbaureaktionen mit chemischen Formeln beschrieben werden können. Allerdings muß man sich stets darüber im klaren sein, daß zumindest bei der niederauflösenden Massenspektrometrie mit der Angabe von Strukturformeln wesentlich genauer beschrieben wird, als es die Ergebnisse der Massenspektrometrie zulassen.

Die Auswahl von bevorzugten Fragmentierungswegen ist an Hand der Niedervoltspektren möglich, da bei geringer Anregungsspannung, vgl. Abb. 3, nur besonders begünstigte Zerfallsreaktionen ablaufen. Erst wenn die wichtigsten Bruchstücke durch plausible Fragmentierungswege verbunden sind und die anderen gewonnenen Informationen, vgl. 8., vollständig vorliegen, sollte ein Strukturvorschlag gemacht werden. Wichtig dabei ist, daß sich alle diese Informationen wiederspruchslos in diesen Strukturvorschlag einordnen lassen. Nur dann kann er akzeptiert werden. Zur Sicherung sollte man aber in jedem Fall noch zusätzliche Informationen aus anderen Spektrendaten wie z. B. aus der IR-, aus der UV-und/oder aus der Kernresonanzspektroskopie heranziehen.

9. Chemische Umwandlung von Verbindungen

Einige organische Verbindungen, z. B. Carbonsäuren, Aminocarbonsäuren, Alkanole u. a. lassen sich nur schwer, oftmals auch gar nicht, massenspektrometrisch untersuchen, da sie entweder auf Grund ihrer hohen Polarität den zur Aufnahme notwendigen Mindestdampfdruck auch bei direktem Einlaß nicht ohne Zersetzung erreichen oder beim Einbringen in das Gerät Umlagerungen erfahren. Die Untersuchung derartiger Verbindungen wird häufig möglich, wenn es gelingt, die Verbindungen durch einfache chemische Reaktionen in massenspektrometrisch handhabbare Derivate zu überführen. Die Herstellung der Derivate wird besonders dann effektiv, wenn sie im Mikromaßstab erfolgt [15, 35].

Durch die Überführung der Verbindungen in Derivate werden neben der Verbesserung der Flüchtigkeit, vielfach die Bestimmung der Molmasse und das Erkennen funktioneller Gruppen möglich. Durch die Änderung des Spaltbildes und durch die Markierung bestimmter Molekülteile lassen sich oftmals recht genaue Aussagen über den Fragmentierungsmechanismus machen.

Die Flüchtigkeit von Verbindungen mit OH-, NH_2- und/oder COOH-Gruppen läßt sich nach Substitution der H-Atome durch Alkyl- oder Acylgruppen verbessern. So entstehen z. B. bei der Umsetzung von Carbonsäuren, Phenolen und Alkanolen mit Diazomethan die leichter verdampfbaren Carbonsäuremethylester, Phenoläther bzw. Äther. Auch Aminosäuren und Zucker werden durch Acetylierung mit Acetylchlorid, mit Acetanhydrid oder auch mittels Trifluoressigsäure in relativ leicht flüchtige Derivate überführt.

Bei einigen Verbindungsklassen, wie z. B. bei Alkanolen und Carbonsäureestern, die so leicht zerfallen, daß sie oftmals keinen Molekülionenpeak geben, ist die massenspektrometrische Bestimmung der Molmasse nur auf indirektem Wege durch Extrapolation möglich, vgl. 8.2. Die dabei erhaltenen Resultate lassen sich absichern, wenn es gelingt, die entsprechenden Verbindungen in solche Derivate zu überführen, die ein Molekülionensignal aufweisen oder aber in genau bekannter Weise zerfallen. Beispiele sind die Verätherung von Alkanolen mit Trimethylsilylchlorid, die Veresterung von Aminosäuren mit Methanol oder Äthanol und die Überführung von Zuckern in Acetale oder Ketale. Trimethylsilyläther sind leicht flüchtige Verbindungen, deren Massenspektren intensive Molekülionenpeaks und intensive $[M-15]^+$-Signale aufweisen. Die Massenspektren der Methyl- und Äthylester von Aminocarbonsäuren weisen meist keinen Molekülionenpeak auf, dagegen aber charakteristische $[M-COOCH_3]^+$- bzw. $[M-COOC_2H_5]^+$-Signale.

In den Massenspektren der Acetale und Ketale von Zuckern sind ausgeprägte Molekülionenpeaks zu finden, so daß auf diesem Wege Molmassenbestimmungen möglich werden.

Ein wesentliches Hilfsmittel zum Erkennen von funktionellen Gruppen ist die Anfertigung von Derivaten und deren massenspektrometrische Untersuchung. Zu diesem Zweck werden z. B. Alkene und Cycloalkene hydriert. Dabei kann einmal aus der Anzahl der aufgenommenen Wasserstoffatome (Zunahme der Molmasse) die Anzahl der enthaltenen Doppelbindungen ermittelt werden, zum anderen kommt es zu einer deutlichen Veränderung im Fragmentierungsverhalten, da z. B. nach der Hydrierung von Cycloalkenen die Retro-DIELS-ALDER-Reaktion nicht mehr möglich ist.

Carbonylverbindungen lassen sich mit Lithiumaluminiumhydrid zu den entsprechenden Alkoholen reduzieren. Eine Massenerhöhung um zwei Masseneinheiten weist auf ein Aldehyd oder ein Keton hin, eine Erniedrigung um 14 Masseneinheiten deutet auf eine Carbonsäureamidgruppe (Reduktion zum sekundären Amin) hin, und eine Erniedrigung um 28 Masseneinheiten kann auf eine Carbonsäuremethylestergruppierung (Reduktion von R—$COOCH_3$ zu R—CH_2OH) zurückgeführt werden.

Der Fragmentierungsverlauf in den Carbonylverbindungen wird durch McLAFFERTY-Umlagerungen geprägt. Nach der Reduktion der Carbonylverbindungen zu den entsprechenden Alkoholen tritt die McLAFFERTY-Umlagerung zugunsten der Oniumspaltung zurück.

Halogenverbindungen werden durch Lithiumaluminiumhydrid zum entsprechenden Kohlenwasserstoff reduziert.

Weitere gebräuchliche Reaktionen sind die Dehydrierung von Verbindungen mit gesättigten Ringsystemen zu den entsprechenden benzoiden Verbindungen, die Oxydation von Alkanalen, die Hydrolyse von Estern u. a.

Ein besonderes Problem ist die Bestimmung der Lage von Doppelbindungen in ungesättigten Verbindungen.

Normalerweise sind auf Grund der leichten Isomerisierung aus den Massenspektren keine Aussagen über die Lage der Doppelbindung zu entnehmen. Oftmals läßt sich nach Überführung der ungesättigten Verbindung in ein Derivat die Lage der Doppelbindung festlegen. Meist wird die Doppelbindung zunächst epoxidiert und das entstandene Oxiran mit Dimethylamin zum entsprechenden α-Aminoalkanol umgesetzt:

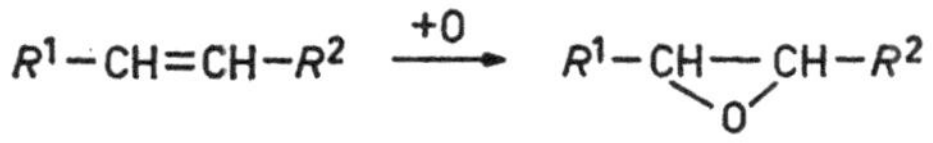

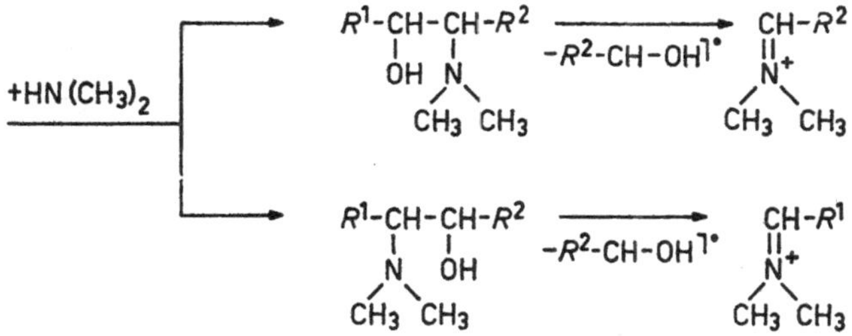

Bei dessen massenspektrometrischer Fragmentierung (Oniumspaltung) entstehen zwei charakteristische N-haltige Fragmente, aus denen die ursprüngliche Lage der Doppelbindung abgeleitet werden kann.

Nach einer anderen, weniger gut geeigneten Methode wird das Oxiran durch Erhitzen mit katalytischen Mengen Natriumjodid zum Keton isomerisiert und aus der Fragmentierung der Ketone die Lage der Doppelbindung bestimmt:

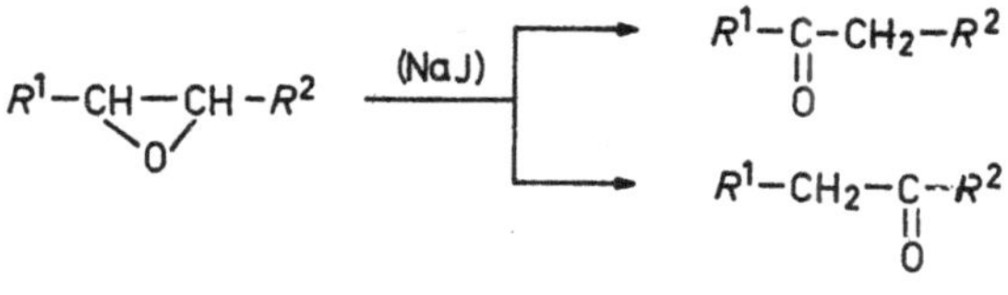

Die Lokalisierung der Doppelbindung ist auch an Hand des massenspektrometrischen Abbaus von Acetonketalen möglich, zu deren Herstellung das Alken mittels Osmiumtetroxid ins *cis* Diol überführt und dieses dann mit Aceton umgesetzt wird.

Große Bedeutung für die Untersuchung des massenspektrometrischen Fragmentierungsverhaltens haben Markierungsreaktionen mit stabilen Isotopen erlangt. Am häufigsten werden Deuterierungen durchgeführt. Zur Klärung spezieller Probleme sind auch Markierungen mit anderen Isotopen, wie ^{13}C, ^{15}N oder ^{18}O, vorgenommen worden.

Die Einführung von Deuterium in ein Molekül kann entweder durch Austauschreaktionen oder durch spezifische Synthesen erfolgen. Der auszuwählende Weg hängt von der Austauschgeschwindigkeit ab. Besonders leicht werden die H-Atome von OH-, SH- und NH-Gruppen ausgetauscht. Hier genügt bereits das Zusammenbringen der Probe mit D_2O. Die Reaktion kann direkt im Massenspektrometer durchgeführt werden, wenn man z. B. D_2O zusammen mit der Probe über den indirekten Einlaß in den Vorratsbehälter bringt. Bei dieser Arbeitsweise ist es empfehlenswert, vor dem Einbringen der Probe das Gerät mit D_2O zu spülen, da im Gerät immer vorhandene Wasserspuren den Rücktausch begünstigen und somit die Ausbeute an Deuterierungsprodukt herabsetzen. Muß die Verbindung über den direkten Einlaß ins Gerät gebracht werden, dann kann ebenfalls der Probe D_2O zugemischt werden.

Auch C—H-acide Wasserstoffatome lassen sich relativ leicht austauschen, wenn man dem Gemisch von Probe und D_2O basische oder saure Katalysatoren zusetzt.

Die Einführung von Deuterium an alle anderen Stellen des Moleküls ist nur durch spezifischen Aufbau der Verbindungen aus entsprechend deuterierten Ausgangsverbindungen möglich [36]. Der dazu notwendige Aufwand ist mitunter groß. Da aber partiell deuterierte Verbindungen auch für andere spektroskopische Messungen verwendet werden können und somit ein beträchtlicher Informationsgewinn erwächst, ist dieser Aufwand zur Klärung spezieller Probleme gerechtfertigt.

10. Ionisations- und Auftrittspotentiale

Das Ionisationspotential eines Moleküls, Atoms oder Radikals ist definiert als die minimale Energie, die notwendig ist, um ein Elektron aus dem genannten Teilchen zu entfernen.

Tritt nach dem Ionisationsvorgang noch eine Dissoziation auf, so ist es auch möglich, den Mindestenergiebetrag zu bestimmen, der für diesen Vorgang notwendig ist, er wird Erscheinungs- oder Auftrittspotential genannt.

Für den Ionisationsprozeß durch Stoßionisation gilt das Frank-Condon-Prinzip, vgl. Abb. 62.

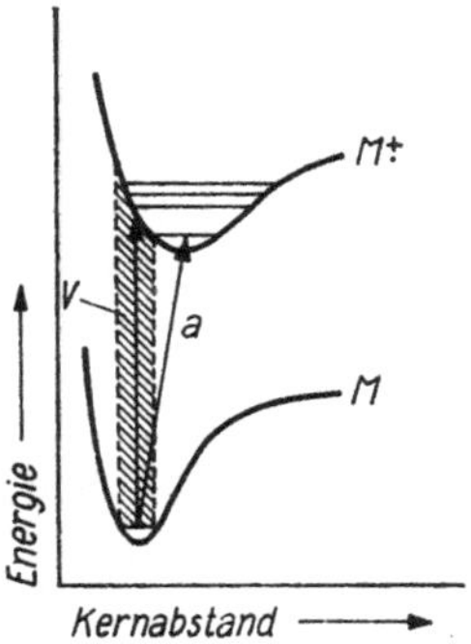

Abb. 62. Potentialkurve für ein zweiatomiges Molekül M und für das daraus gebildete Molekülion M^{+}
v – vertikaler Übergang, a – adiabatischer Übergang

Ein Elektron mit einer Energie von 70 eV braucht etwa 10^{-16} Sek. für die Strecke von der Länge des Moleküldurchmessers. Molekülschwingungen erfordern etwa die 100fache Zeit. Das bedeutet, daß sich in der Zeit, die zur Ionisation benötigt wird, die Atomabstände kaum ändern. Adiabatische Übergänge, bei denen der Übergang vom niedrigsten Schwingungsniveau des Moleküls in den niedrigsten Schwingungszustand des Molekülions erfolgt, sind daher für Elektronenstoßprozesse sehr unwahrscheinlich. Adiabatische Übergänge treten bei der Photoionisation auf. Aus diesem Grunde haben Ionisationspotentiale stets einen etwa 30 kJ niedrigeren Wert als solche, die mittels der Elektronenstoßionisation gemessen wurden.

Aus Abb. 62 geht hervor, daß der Ionisationsprozeß bei der Stoßionisation einem vertikalen Übergang entspricht. Die für die Entfernung eines Elektrons aus dem höchsten besetzten Molekülorbital notwendige Energie wird von den Stoßelektronen zugeführt.

Zur Bestimmung des Ionisationspotentials werden die Intensitäten der Molekülionenpeaks, bei unterschiedlicher Energie der Stoßelektronen gemessen, gegen die Energiewerte aufgetragen, vgl. Abb. 63, und die erhaltene Kurve in Richtung Abzisse extrapoliert.

Häufig verwendet man anstelle der Intensitätswerte die Ionenausbeute. Das ist der Quotient aus der Intensität von M^{+} bei beliebiger Stoßelektronenenergie und der Intensität vom M^{+} bei einem geeigneten Referenzwert, z. B. bei 50 eV.

Für die Extrapolation sind eine Vielzahl von Verfahren angegeben worden [37, 38]. Die einfachste Methode ist die lineare Extrapolation. Man legt in den Wendepunkt der Ionenausbeute-Energie-Kurve die Wendetangente, vgl. Abb. 64. Der Schnittpunkt dieser Geraden mit der Energie-Achse ergibt dann das Ionisationspotential. Der Vorteil der linearen Extrapolation liegt in ihrer Einfachheit, der Nachteil besteht in der relativ großen Ungenauigkeit.

Bei einem weiteren Extrapolationsverfahren wird der Schnittpunkt mit der Abszisse durch graphische

Extrapolation der Kurve selbst ermittelt. Wie aus der Abb. 64 (IP_2) hervorgeht, ist diese Methode ebenfalls ungenau.

Bessere Ergebnisse erhält man durch die halblogarithmische Extrapolation. Hierbei wird für die Ordinate ein logarithmischer Maßstab gewählt. Dadurch wird der Anfangsteil der sigmoidalen Ionenausbeute-Energie-Kurve linear und läßt sich gut extrapolieren, vgl. Abb. 63.

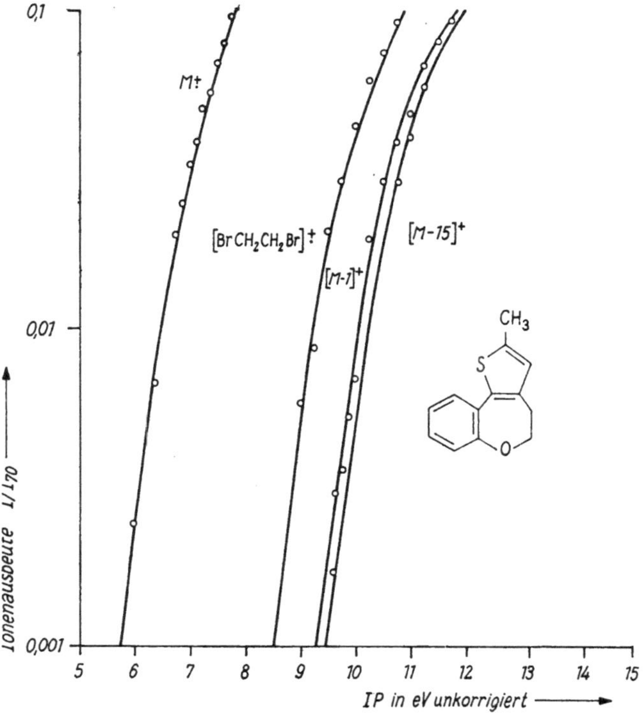

Abb. 63. Halblogarithmische Extrapolation der Ionenausbeutekurven des Molekülions M^{+} und der Fragmentionen $[M-1]^{+}$ und $[M-15]^{+}$ sowie von $[Br-CH_2-CH_2-Br]^{+}$

In vielen Fällen umgeht man die Extrapolationsverfahren durch Anwendung der Methode des inneren Standards. Hierbei wird eine Verbindung mit sehr genau bekannten Ionisationspotential zur Probe gemischt und von beiden Verbindungen die Ionenausbeute-Energie-Kurve aufgenommen. Aus dem Abstand der Kurven von Probe und Referenzverbindung, z. B. bei halblogarithmischer Auftragung, kann dann das Ionisationspotential mit einer Genauigkeit von ±20 kJ (ca. ± 0,2 eV) bestimmt werden.

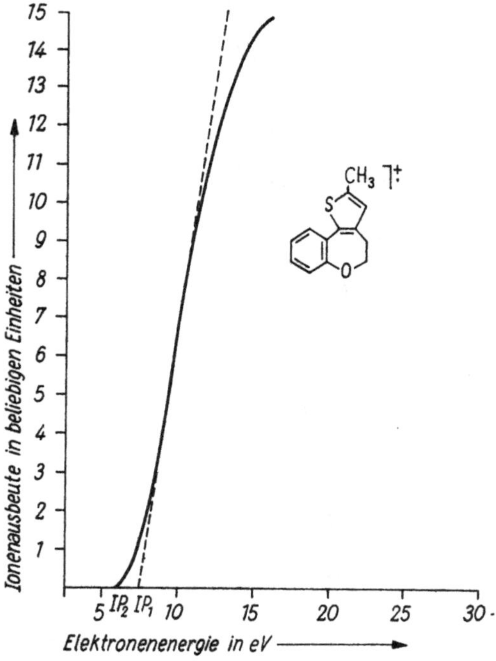

Abb. 64. Ionenausbeute-Energie-Kurve von M^{+}

IP_1 – Ionisationspotential nach Anlegen der Wendetangente

IP_2 – Ionisationspotential nach Extrapolation der Kurve

Ionisationspotentiale sind wichtige Meßgrößen, die sich mit anderen Moleküleigenschaften in einfacher Weise korrelieren. So findet man z. B. eine gute lineare Korrelation zwischen den Ionisationspotentialen und den HAMMETTschen σ- bzw. σ^*-Werten bei substituierten Benzolen, Toluolen u. a., vgl. Abb. 65.

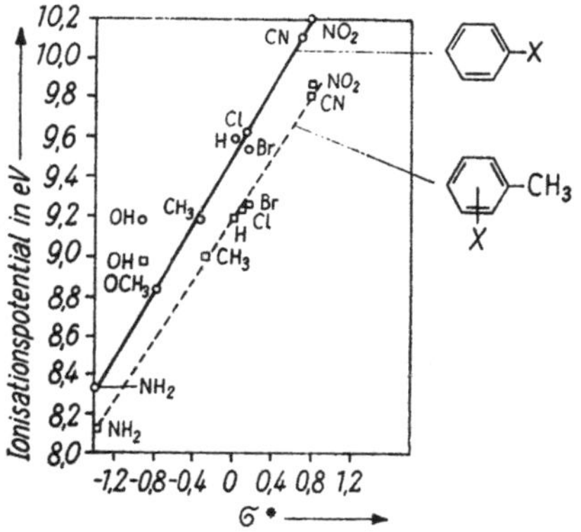

Abb. 65. Korrelation zwischen Ionisationspotential und Substituentenkonstante σ^* in substituierten Benzolen und Toluolen

Bei mehrkernigen Arenen nimmt das Ionisationspotential mit zunehmender π-Elektronenzahl ab.

Die massenspektrometrische Bestimmung der Auftrittspotentiale erfolgt in gleicher Weise wie die Bestimmung der Ionisationspotentiale. Die Ionenausbeute-Energie-Kurven des Molekülions und der Fragmentionen verlaufen bei halblogarithmischer Darstellung parallel, vgl. Abb. 63.

Die Messungen der Auftrittspotentiale von Fragmentionen können zur Bestimmung von Bildungsenthalpien herangezogen werden. Für die Reaktion:

$$AB + e \longrightarrow A^+ + B^\bullet + 2e$$

kann man, da die Reaktionsenthalpie gleich der Summe der Bildungsenthalpie der Reaktionsprodukte minus der Summe der Bildungsenthalpie der Reaktanden ist, folgende Gleichung aufstellen:

$$\Delta_r H = AP_{A^+} = \Delta_f H_{A^+} + \Delta_f H_{B\cdot} - \Delta_f H_{AB} + E \qquad (12)$$

$\Delta_r H$ — Reaktionsenthalpie
AP_{A^+} — Auftrittspotential von A^+
$\Delta_f H_{A^+}$ — Bildungsenthalpie von A^+
$\Delta_f H_{B\cdot}$ — Bildungsenthalpie von $B^\cdot$
$\Delta_f H_{AB}$ — Bildungsenthalpie von AB
E — mögliche Überschußenergien von A^+ und $B^\cdot$

Im allgemeinen kann unter Beachtung der STEVENSON-Regel, wenn das Ionisationspotential von A kleiner als das Ionisationspotential von B ist, E vernachlässigt werden.

Für die Ermittlung der Bildungsenthalpie von $[CH_3O]^+$ bei der Reaktion:

$$CH_3OH + e \longrightarrow CH_2OH]^{+\cdot} + H^\cdot + 2e$$

gilt dann

$$\Delta_r H_{[CH_3O]^+} = AP_{[CH_3O]^+} - \Delta_f H_{H\cdot} + \Delta_f H_{CH_3OH} \qquad (13)$$

Das gemessene Auftrittspotential von $[CH_3O]^+$ beträgt 1148 kJ mol^{-1} (11,9 eV).

Die Bildungsenthalpien sind
$\Delta_f H_{H\cdot} = +218{,}2$ kJ mol^{-1}, $\Delta_f H_{CH_3OH} = -201{,}6$ kJ mol^{-1}.

Nach Gl. (13) erhält man dann aus diesen Werten für $\Delta_r H_{[CH_3O]^+} = 728{,}2$ kJ mol^{-1}.

Weiterhin können aus gemessenen Ionisations- und Auftrittspotentialen Dissoziationsenthalpien ermittelt werden. Für das Molekül AB, das auf dem oben, vgl. S. 133, beschriebenen Wege fragmentiert, kann die Dissoziationsenthalpie D_{A-B} über folgende Wege erhalten werden, vgl. Abb. 66:

$$AP_{A^+} = IP_{A^\cdot} + D_{A-B} + E \qquad (14)$$

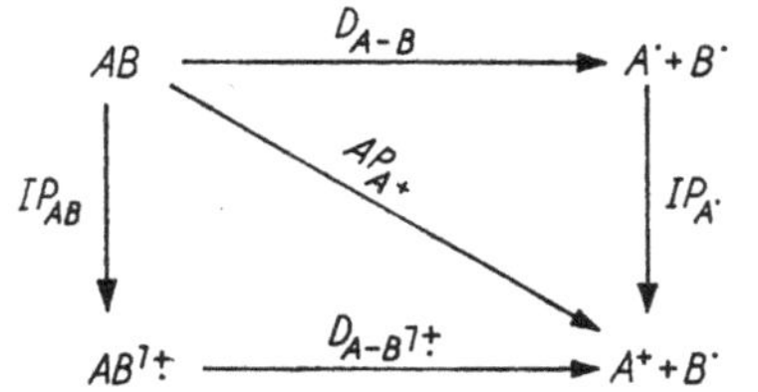

Abb. 66. Zerfall des Moleküls AB in A^+ und $B^\cdot$

Bei Vernachlässigung von E reduziert sich die Bestimmung der Dissoziationsenthalpie von $A{-}B$ auf die Ermittlung des Auftrittspotentiales von A^+ und des Ionisationspotentiales von $A^\cdot$.

Für die Dissoziationsenthalpie der Metall-Liganden-Bindung in Nickeltetracarbonyl ergibt sich z. B.

$$Ni(CO)_4 \longrightarrow Ni + 4\,CO$$

$$\begin{aligned} IP_{Ni} &= 736{,}3 \text{ kJ mol}^{-1} \quad (= 7{,}63 \text{ eV}) \\ AP_{Ni^+} &= 1544{,}0 \text{ kJ mol}^{-1} \quad (= 16{,}0 \text{ eV}) \\ AP_{Ni^+} &= IP_{Ni} + 4D_{Ni-CO} \\ 4D_{Ni-CO} &= AP_{Ni^+} - IP_{Ni} = 807{,}7 \text{ kJ mol}^{-1} \\ D_{Ni-CO} &= 201{,}4 \text{ kJ mol}^{-1} \end{aligned}$$

Das bedeutet, daß die Dissoziationsenthalpie für eine Nickel-CO-Bindung im Nickeltetracarbonyl 201,4 kJ mol^{-1} beträgt.

Die Bildungsenthalpie-Werte von Ionen gleicher Zusammensetzung, die aus verschiedenen Reaktionen hervorgehen, können Auskunft über die mögliche Struktur desselben geben. Sind die Bildungsenthalpie-Werte sehr ähnlich, so kann auf gleiche Struktur geschlossen werden. Ein Beispiel sind die C_7H_7-Kationen, vgl. Tab. 7, denen in allen Fällen die Tropyliumstruktur zukommt. Bei den

Tabelle 7

Bildungsenthalpien $\Delta_f H$ von $[C_7H_7]^+$

Ausgangsmolekül	abgespaltener Molekülteil	*AP* bzw. *IP* [kJ mol⁻¹]	[eV]	$\Delta_f H$ [kJ mol⁻¹]
$[C_6H_5CH_2]^{\cdot}$	–	748,8	(7,76)	903
Cycloheptatri-enylradikal	–	602,2	(6,24)	874
Toluol	$H^{\cdot}$	1138,7	(11,8)	970
Cycloheptatrien	$H^{\cdot}$	1003,6	(10,4)	966
Äthylbenzol	$CH_3^{\cdot}$	1080,8	(11,2)	970
m-Xylol	$CH_3^{\cdot}$	1119,4	(11,6)	995

AP – Auftrittspotential
IP – Ionisationspotential

Alkylkationen $[C_4H_9]^+$ hat man dagegen festgestellt, daß sich die Bildungsenthalpie-Werte für die Ionen, die aus n-Butyl-, Isobutyl- oder tert.-Butylradikalen gebildet worden sind, deutlich voneinander unterscheiden, während die aus n-Pentan, Isopentan oder neo-Pentan stammenden $[C_4H_9]^+$ etwa gleiche ΔH_f-Werte besitzen und demnach die Struktur eines sekundären Butylkations haben sollten, vgl. Tab. 8.

Tabelle 8

Bildungsenthalpien $\Delta_f H$ von $[C_4H_9]^+$

Reaktant	abgespaltenes Radikal	*IP* bzw. *AP* [kJ mol⁻¹]	[eV]	$\Delta_f H$ [kJ mol⁻¹]
[n-C_4H_9]˙	–	763,0	(8,01)	841
[*iso*-C_4H_9]˙	–	763,0	(8,01)	832
[*sek.*-C_4H_9]˙	–	715,1	(7,41)	765
[*tert.*-C_4H_9]˙	–	668,7	(6,93)	698
[n-C_5H_{12}]$^{+\cdot}$	$CH_3^{\cdot}$	1066,3	(11,05)	778
[*iso*-C_5H_{12}]$^{+\cdot}$	$CH_3^{\cdot}$	1074,1	(11,12)	774
[*neo*-C_5H_{12}]$^{+\cdot}$	$CH_3^{\cdot}$	1018,1	(10,55)	711
[n-C_6H_{14}]$^{+\cdot}$	$C_2H_5^{\cdot}$	1058,6	(10,97)	774

11. Quantitative Analyse

Die quantitative massenspektrometrische Analyse organischer Verbindungen hat durch die Entwicklung der Gaschromatographie und der schnellen Flüssigkeitschromatographie etwas von ihrer ursprünglichen Bedeutung verloren. Für die Untersuchung von komplizierten natürlichen und technischen Stoffgemischen wie z. B. Erdöl und seine Folgeprodukte ist sie nach wie vor unübertroffen. Desweiteren sind vor allem durch die Entwicklung spezieller massenspektrometrischer Techniken wie z. B. Massenfragmentographie, vgl. 15., quantitative Bestimmungen von Spurenmengen möglich geworden, die mittels anderer Analysenmethoden nicht zu erreichen sind. Die quantitative massenspektrometrische Analyse beruht auf der Proportionalität von gemessener Peakintensität und dem Probendruck in der Ionenquelle. Bei molekularem Einlaß ist der Druck in der Ionenquelle auch dem Druck im Vorratsbehälter direkt proportional. Der Probendruck von Gemischen ist gleich der Summe der Partialdrücke der einzelnen Komponenten:

$$I_K = \sum_{i=1}^{n} E_{iK} \cdot p_i \tag{15}$$

I_K — Intensität oder Peakhöhe bei der Massenzahl K
E_{iK} — Eichwert der Komponente i bei der Massenzahl K
p_i — Partialdruck der Komponente i

Der Proportionalitätsfaktor E_{iK} ist der Eichwert der Komponente i bei der Massenzahl K. Darunter versteht man die auf die Druckeinheit bezogene Intensität:

$$E_{iK} = \frac{I_K}{p_i} \tag{16}$$

Die Bestimmung der p_i-Werte für die n Komponenten eines Gemisches wird mittels eines linearen Gleichungssystems mit n Gleichungen realisiert. Die Lösung derartiger Gleichungssysteme läßt sich besonders vorteilhaft auf die Lösung folgender Matrix zurückführen und kann durch Rechner vorgenommen werden:

$$\begin{pmatrix} I_1 \\ I_2 \\ \cdot \\ \cdot \\ \cdot \\ I_n \end{pmatrix} = \begin{pmatrix} E_{11} & E_{21} & \cdots & E_{n1} \\ E_{12} & E_{22} & \cdots & E_{n2} \\ \cdot & \cdot & \cdots & \\ \cdot & \cdot & \cdots & \cdot \\ \cdot & \cdot & \cdots & \cdot \\ E_{1n} & E_{2n} & \cdots & E_{nn} \end{pmatrix} \cdot \begin{pmatrix} p_1 \\ p_2 \\ \cdot \\ \cdot \\ \cdot \\ p_n \end{pmatrix} \tag{17}$$

oder anders ausgedrückt:

$$\mathcal{I}_K = \mathcal{E}_{iK} \cdot p_i \tag{18}$$

Das bedeutet, man erhält die Lösungen für p_i durch Multiplikation des Spaltenvektors $\mathcal{I}_K$ mit der inversen Matrix der Eichwerte.

Bei der Analyse von Gemischen hat es sich als vorteilhaft erwiesen, den Eichwert in zwei Komponenten, in einen Relativwert und in einen Empfindlichkeitswert, zu zerlegen:

$$E_{iK} = r_{iK} \cdot S_i \tag{19}$$

r_{iK} – Relativwert
S_i – Empfindlichkeitswert für die Komponente i

Der Relativwert ist die Intensität der Komponente i bei der Massenzahl K, angegeben in $\%_0 B$, und wird aus den Spektren der reinen Komponenten entnommen. S_i ist die Empfindlichkeit der Komponente i, die aus dem Spektrum des Gemisches bestimmt werden kann. Die Spektren der reinen Verbindung sollen möglichst mit dem gleichen Gerät unter gleichen Aufnahmebedingungen aufgenommen werden wie das Gemisch. Spektren, die mit anderen Geräten aufgenommen worden sind, können nur mit Vorbehalt verwendet werden, da durch Unterschiede in den Geräteparametern und in den Aufnahmebedingungen wie Ionenquellentemperatur, Elektronenenergie, Art des Auffängers u. a. zum Teil beträchtliche Abweichungen zustande kommen. Aber selbst am gleichen Gerät treten Empfindlichkeitsschwankungen auf, die sich durch die Ermittlung eines Tages-Korrekturfaktors zurückdrängen lassen.

Der Tages-Korrekturfaktor ist der Quotient aus der Empfindlichkeit unter festgelegten Bedingungen und der Tagesempfindlichkeit eines Peaks einer Bezugsverbindung, meist verwendet man Butan (M^{+}) oder Hexadecan ($M^{+\cdot}$).

$$\text{Tages-Korrekturfaktor} = \frac{\text{Eichempfindlichkeit}}{\text{Tagesempfindlichkeit}}$$

Als Beispiel soll die Analyse eines technischen n-Alkangemisches mit den C-Zahlen 9 bis 13 (Parex I) dienen, vgl. Abb. 67.

Man kann den Anteil der einzelnen Komponenten am Gemisch entweder aus den Intensitäten der Molpeaks

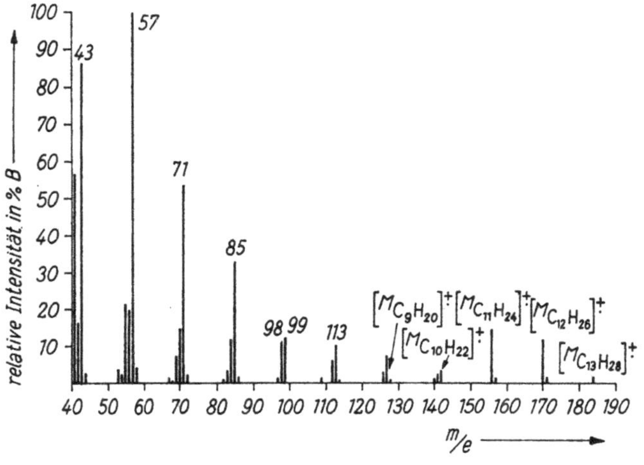

Abb. 67. 70 eV — Massenspektrum eines n-Alkangemisches (C_9H_{20} bis $C_{13}H_{28}$)

(Molpeakmethode) oder aus den Intensitäten der Fragmentpeaks (Fragmentpeakmethode) bestimmen. Die Molekülpeakmethode eignet sich für den vorliegenden Fall besonders gut, da die jeweiligen Molekülionenpeaks bei den Massenzahlen 128, 142, 156, 170 und 184 nur jeweils durch eine Verbindung belegt sind. Dagegen sind die für n-Alkane charakteristischen Fragmentpeaks bei den Massenzahlen 71, 85, 99, 113, 127, 141 und 155 von den Bruchstücken mehrerer Komponenten belegt.

Die Analyse wird in folgender Weise durchgeführt:

1. Aufnahme der Spektren der reinen n-Alkane C_9 bis C_{13} und Angabe der Intensitätswerte in % vom Basispeak. Dabei erhält man die Relativwerte r_{iK}, vgl. Tab. 9,
2. Herstellung eines Eichgemisches durch genaue Einwaage der Gemischkomponenten. Berechnung der Molprozente und Bestimmung von p_i,
3. Aufnahme des Spektrums des Vergleichsgemisches und Angabe der Intensitätswerte I_K in % B,
4. Berechnung der Empfindlichkeit S_i aus den r_{iK}-, p_i- und I_K-Werten der reinen n-Alkane, vgl. Tab. 9,
5. Berechnung der E_{iK}-Werte nach Gl. (16), vgl. Tab. 9.

Tabelle 9

Relativwerte, Empfindlichkeitswerte und Eichwerte von n-Alkanen (Molpeakmethode, 70 eV Elektronenenergie, 100 °C Ionenquellentemperatur)

n-Alkan	Relativwert r_{iK}	Empfindlichkeitswert S_i	Eichwert E_{iK}
n-Nonan	27,31	0,836	22,84
n-Decan	28,82	0,944	27,21
n-Undecan	31,08	1,001	31,11
n-Dodecan	33,82	0,969	32,78
n-Tridecan	37,23	1,003	37,32

Mit Hilfe der ermittelten E_{iK}-Werte und der vermessenen I_K-Werte können nun die Anteile der einzelnen n-Alkane im technischen Alkangemisch ermittelt werden.

Eine Gegenüberstellung der dabei erhaltenen Ergebnisse mit gaschromatographisch bestimmten Werten zeigt die Güte dieser Bestimmungsmethode, vgl. Tab. 10. Die durchschnittliche Abweichung beträgt 0,50 Mol-% und der relative Fehler 3,5%.

Tabelle 10

Massenspektrometrisch und gaschromatographisch ermittelte Zusammensetzung eines technischen n-Alkangemisches (Parex I)

n-Alkan	*MS* [Mol-%] (Molpeakmethode)	*GC* [Mol-%] (mit *FID* und Integrator)
n-Nonan	0,83	0,32
n-Decan	12,83	12,05
n-Undecan	45,74	46,77
n-Dodecan	36,43	36,55
n-Tridecan	4,18	4,31

Die Fragmentpeakmethode liefert ungenauere Werte. Die durchschnittliche Abweichung beträgt hier 1,2 Mol-% und der relative Fehler 5,6%.

Die quantitative massenspektrometrische Analyse ist besonders für die Strukturtypenanalyse [39] geeignet. So wurden z. B. sowohl mit Hilfe der Fragmentpeakmethode als auch mit Hilfe der Molpeakmethode der Anteil der Alkane (Paraffine), der Cycloalkane (Naphthene) und der Arene (Aromaten) in komplexen Kohlenwasserstoffgemischen bestimmt. Weiterhin konnte der Anteil an monocyclischen, bicyclischen und tricyclischen Cycloalkanen bzw. Arenen sowie die C-Zahlverteilung ermittelt werden. Solche Bestimmungen beruhen auf der Annahme, daß die $\sum I_K$-Werte der Fragmentpeaks für den Anteil des entsprechenden Strukturtyps charakteristisch sind, vgl. [5, 40], z. B.:

Alkane $K = 71, 85, 99, \ldots$
Cycloalkane $K = 67, 68, 69, 81, 82, 83, \ldots$
Alkylbenzole $K = 77, 78, 91, 92, \ldots$
Indene $K = 115, 116, 129, 130, \ldots$

12. Hochauflösende Massenspektrometrie

Die hochauflösende Massenspektrometrie ermöglicht die genaue Bestimmung von Massen und somit die Ermittlung der Summenformeln von Molekül- und Fragmentionen. Solche Präzisionsmassenbestimmungen beruhen auf der Tatsache, daß Ionen gleicher Massenzahl infolge unterschiedlicher Zusammensetzung Unterschiede im Millimassenbereich aufweisen. Ein Beispiel sind Stickstoff, Äthen und Kohlenmonoxid, vgl. Tab. 11, [16, 41].

Tabelle 11

Genaue Massen von Stickstoff, Äthen und Kohlenmonoxid

Summenformel	Massenzahl	genaue Masse
$[N_2]^{+\cdot}$	28	28,0062
$[C_2H_4]^{+\cdot}$	28	28,0312
$[CO]^{+\cdot}$	28	27,9949

Da die erreichbare Auflösung von der Masse der zu untersuchenden Ionen abhängt, sind Hochauflösungsmessungen sowohl mit einfach- als auch mit doppelfokussierenden Massenspektrometern möglich. Verwendet man z. B. ein einfachfokussierendes Massenspektrometer mit der Auflösung 1000, dann muß bei der Massenzahl 1000 ein Ion nur mindestens 1 Masseneinheit kleiner oder größer sein, um noch abgetrennt werden zu können. Bei einem Ion mit der Massenzahl 100 genügt eine Massendifferenz von 0,1, und bei der Massenzahl 28, vgl. Tab. 11, können Ionen, deren Massen sich um 0,28 Millimassen unterscheiden, getrennt registriert werden. Mit doppelfokussierenden Massenspektrometern, die in der Regel eine Auflösung von über 20000 aufweisen, wird die exakte Unterscheidung von Ionen größerer Massenzahlen erreicht.

Ganz allgemein spricht man von Hochauflösung, wenn der Fehler in der Massenbestimmung kleiner als der halbe Abstand von zwei Signalen gleicher Massenzahl, den sogenannten Dubletts, ist.

Auf Grund der Mannigfaltigkeit der existierenden organischen Verbindungen ist eine Vielzahl von Dublettabständen denkbar. Die Anzahl dieser Abstände läßt sich jedoch stark reduzieren und der notwendige Rechenaufwand vermindern, wenn man die Formeln in zwei Beiträge zerlegt, von denen einer den Unterschied ausdrückt. Man nennt diesen Beitrag das Grunddublett. Für die Verbindungen $C_5H_8S_2O$ und $C_6H_{12}S_2$ kann beispielsweise folgende Zerlegung vorgenommen werden:

$$C_5H_8S_2 + O \quad 132{,}0067 + 15{,}9949$$

$$C_5H_8S_2 + CH_4 \quad 132{,}0067 + 16{,}0313$$

Der Unterschied in den Massen der beiden Komponenten des Grunddubletts beträgt 36,4 Millimassen und ist zugleich der Massenunterschied zwischen den beiden genannten Verbindungen.

In der Tab. 12 sind einige wichtige Grunddubletts und die dazugehörigen Massendifferenzen angegeben.

Die Aufnahme und die Auswertung von Hochauflösungsmassenspektren erfolgen im wesentlichen nach den für die niederauflösende Massenspektrometrie

Tabelle 12

Einige häufig vorkommende Dubletts und ihre Massendifferenzen

Dublett	Δm in Millimasseneinheiten
CH_4/O	36,4
NH_2/O	23,8
O_2/S	17,8
CH_2/N	12,6
N_2/CO	11,2
H_2/D	1,5

bekannten Methoden. Bei der hochauflösenden Massenspektrometrie sind jedoch auf Grund der genau bestimmbaren Massenzahlen die Summenformel für das Molekülion und alle Fragmentionen zugänglich. Damit wird einerseits die Auswertung erleichtert, andererseits steigt der Arbeitsaufwand stark an. Aus diesem Grunde wird bei modernen Geräten das Aufstellen der Summenformeln einem Computer übertragen, der dann auch zugleich die Spektren in entsprechender Form, meist als Elementliste, ausgibt. Abb. 68 zeigt einen Ausschnitt aus einer solchen Elementliste des Hochauflösungsmassenspektrums von 1,3-Dithiacycloheptan-5-on. Die

ELIST / 1,3-DITHIACYCLOHEPTAN-5-ON HOCHAUFL.

BASE PEAK 910 / MASS 148

PEAK	I/BASE	MASS	DIFF	C/C'	H	N	O	S
				12/13	1	14	16	32
17	12,63%	94,9942	−1,3	5/0	3	0	0	1
			3,1	4/1	2	0	0	1
			−4,7	2/0	7	0	0	2
			−0,2	1/1	6	0	0	2
19	31,86%	104,9816	−1,6	3/0	5	0	0	2
			2,8	2/1	4	0	0	2
21	31,09%	105,9903	−0,7	3/0	6	0	0	2
			3,7	2/1	5	0	0	2
22	28,13%	112,9968	−4,8	4/1	4	0	1	1
			3,3	4/0	3	1	1	1
			−0,1	1/0	7	1	1	2
25	9,45%	119,9742	−2,9	1/1	3	2	0	2
			3,8	3/0	4	0	1	2
26	17,36%	119,9981	−0,7	6/1	3	0	0	1
			−4,1	3/1	7	0	0	2
			3,9	3/0	6	1	0	2
28	100,00%	147,9985	0,3	8/0	4	0	1	1
			−3,1	5/0	8	0	1	2
			1,4	4/1	7	0	1	2
29	18,90%	148,9950	1,5	7/0	3	1	1	1
			−1,9	4/0	7	1	1	2
			2,6	3/1	6	1	1	2

Abb. 68. Ausschnitt aus einer Elementliste des Hochauflösungsmassenspektrums von 1,3-Dithiacycloheptan-5-on

Liste enthält außer der Intensität (in beliebigen Einheiten) und der Massenzahl des Basispeaks in der Spalte 1 eine fortlaufende Peaknummerierung, in der Spalte 2 die Intensitäten in % vom Basispeak, in der Spalte 3 die gemessenen Massen und in den letzten Spalten einen Vorschlag über die mögliche Verteilung der Elemente C, H, N, O und S. In der Spalte 4 wird die Differenz zwischen berechneter Massenzahl (aus dem Vorschlag) und bestimmter Massenzahl (Spalte 3) angegeben.

13. Andere Methoden der Ionisierung

Wie bereits erwähnt, vgl. 2.2.3., gewinnen in letzter Zeit neben der Elektronenstoßionisation auch andere Methoden zur Ionenerzeugung zunehmend an Bedeutung. Aus diesem Grunde sollen die beiden wichtigsten dieser Methoden, die Feldionisation und die Chemische Ionisation, an dieser Stelle in ihren Grundzügen erläutert werden.

13.1. Feldionisation

Die Ionenerzeugung im Massenspektrometer kann auch durch elektrische Felder hoher Stärke (10^7 bis 10^8 V cm^{-1}) erreicht werden [42, 43]. Der Austritt eines Elektrons beruht auf dem quantenmechanischen Tunneleffekt. Das bedeutet, daß die Ionisation durch das elektrische Feld als Folge einer Deformierung des Potentialwalls erreicht wird. Die Ionenausbeute steigt mit zunehmender Feldstärke stark an. Ein Grenzwert wie z. B. bei der Elektronenstoßionisation kann nicht angegeben werden. Die Erzeugung der für die Feldionisation notwendigen elektrischen Felder erfolgt durch Anlegen einer Hochspannung von etwa 10 kV an die Anode der Ionenquelle. Als Emitter werden feine Metallspitzen, scharfe Metallschneiden oder besonders präparierte, sehr dünne, Drähte verwendet.

Die Feldionisationsmassenspektren unterscheiden sich von den Elektronenmassenspektren in charakteristischer Weise, sie haben meist einen intensiven Molekülionenpeak und nur relativ wenige Fragmentionenpeaks, meist mit geringer Intensität, die fast ausschließlich aus Primärfragmentierungen hervorgehen. Das liegt daran, daß bei der Feldionisation die Moleküle direkt aus dem Grundzustand ionisiert werden. Zur Fragmentierung eines gebildeten Ions steht bei der Feldionisation wesentlich weniger Zeit (ca. 10^{-12} Sek.) zur Verfügung als bei der Elektronenstoßmassenspektrometrie (ca. 10^{-6} Sek.). Aus diesem Grunde treten bei der Feldionisation kaum Umlagerungen auf. Allerdings findet man in den Feldionisationsmassenspektren besonders von Hydroxyverbindungen häufig Signale bei der Massenzahl $[M+1]^+$, vgl. Abb. 69 und Abb. 70, die durch Ionen-Molekül-Reaktionen, vgl. 4.5., entstehen.

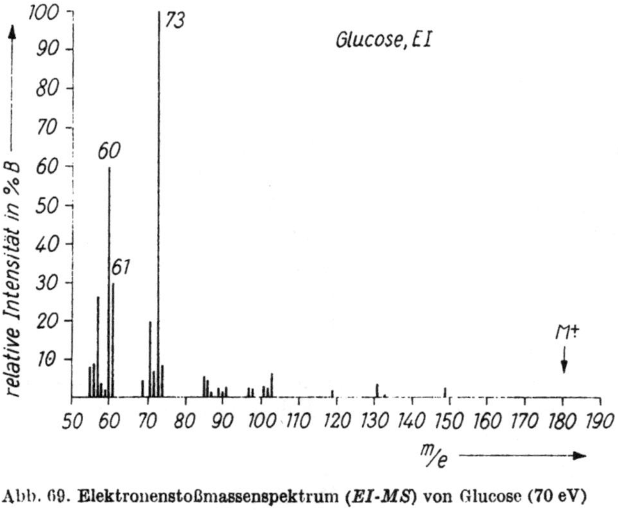

Abb. 69. Elektronenstoßmassenspektrum (*EI-MS*) von Glucose (70 eV)

Bei der Feldionisation können auch von solchen Verbindungen intensive Molekülionenpeak erhalten werden, z. B. bei zahlreichen Naturstoffen und bei verzweigten Alkanen, bei denen durch Elektronenstoßmassenspektrometrie auch bei Anregung unter schonenden Bedingungen (niedrige Temperatur und niedrige Elektronenanregungsenergie) keine Molekülionenpeaks mehr auftreten.

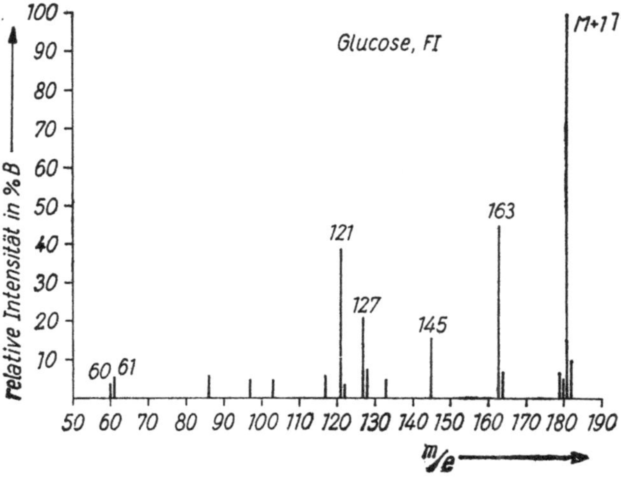

Abb. 70. Feldionisationsmassenspektrum (*FI-MS*) von Glucose

Ein weiterer Vorzug der Feldionisationsmassenspektren liegt in ihrer Anwendung zur quantitativen Analyse von Gemischen nach der Molekülpeakmethode, vgl. 11. Die Feldionisationsmassenspektrometrie stellt somit eine wertvolle Ergänzung zur Elektronenstoßmassenspektrometrie dar. Viele moderne Massenspektrometer sind daher sowohl mit Elektronenstoß- als auch mit Feldionenquellen ausgestattet.

Eine aktuelle Weiterentwicklung der Feldionisationsmassenspektrometrie ist die Felddesorptionsmassenspektrometrie. Die Methode eignet sich besonders zur Untersuchung fester organischer Verbindungen, vgl. Abb. 71. Die Probe wird auf eine speziell präparierte und aktivierte Feldanode aufgebracht und dann im Gerät ohne Verdampfung ionisiert. Damit eignet sich die Felddesorptionsmassenspektrometrie vorzugsweise zur Untersuchung von schwer verdampfbaren und thermisch empfindlichen Verbindungen. Ein weiterer Anwendungsschwerpunkt liegt in der Analyse von kleinen Mengen stark polarer Verbindungen [44].

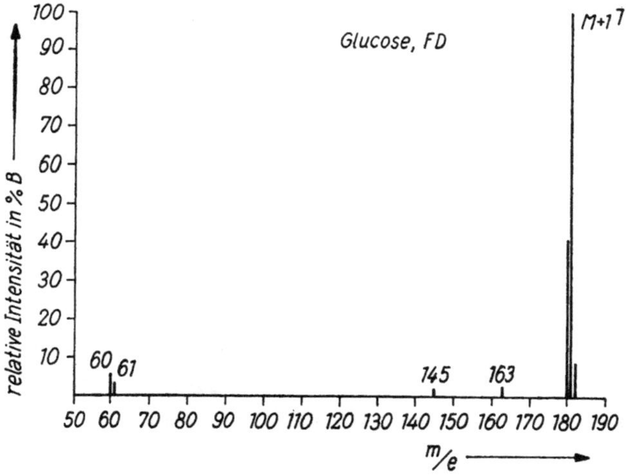

Abb. 71. Felddesorptionsmassenspektrum (*FD-MS*) von Glucose

13.2. Chemische Ionisation

Bei der Chemischen Ionisation werden die Moleküle der zu untersuchenden Verbindung beim Zusammenstoß mit Ionen eines Reaktionsgases wie Methan, Isobutan, NO, NH_3 u. a. erzeugt. Die Ionen dieses Reaktionsgases, meist verwendet man Methan, werden durch Stoßionisation erzeugt [45, 46, 47]:

$$CH_4 + e \longrightarrow CH_4]^{+\cdot} + 2e$$

Neben den Radikalkationen des Methans entstehen Methylkationen, $[CH_3]^+$, Methylenradikalkation, $[CH_2]^{+\cdot}$, sowie Methinkationen, $[CH]^+$. Da der Ionisationsvorgang bei relativ hohem Druck (ca. 100 Pa) stattfindet, treten auch Ionen der Zusammensetzung $[CH_5]^+$, $[C_2H_5]^+$, $[C_3H_7]^+$ u. a. auf, die durch Ionen-Molekül-Reaktionen entstehen, z. B.:

$$CH_4]^{+\cdot} + CH_4 \longrightarrow CH_5]^{+} + CH_3^{\cdot}$$

$$CH_3]^{+} + CH_4 \longrightarrow C_2H_5]^{+} + H_2$$

$$C_2H_5]^{+} + CH_4 \longrightarrow C_3H_7]^{+} + H_2$$

Die Ionen des Reaktionsgases sind in der Lage, im Rahmen einer Ionen-Molekül-Reaktion mit den Molekülen *M* der Probe zu reagieren und diese dadurch zu ionisieren. Man unterscheidet folgende grundlegenden Reaktionen:

1. Protonenübertragungsreaktionen

Die Protonenübertragungsreaktionen sind die am häufigsten anzutreffenden. Ist *M* eine starke Base, so bildet sich ein $[MH]^+$, und das Reaktionsgas wirkt dabei als Protonendonator. Ein besonders starker Protonendonator ist $[CH_5]^+$. Dieses Kation bildet daher auch mit schwachen Basen $[MH]^+$:

$$M + CH_5]^{+} \longrightarrow MH]^{+} + CH_4$$

$$M + C_6H_6]^{+\cdot} \longrightarrow MH]^{+} + C_6H_5^{\cdot}$$

$$M + NH_4]^{+} \longrightarrow MH]^{+} + NH_3$$

M - Molekül der Probe

2. Additionsreaktionen

Durch Additionsreaktionen entstehen Anlagerungsionen. Art und Menge dieser Ionen hängen von der chemischen Natur von *M* und von den Reaktionsbedingungen ab:

$$M + C_2H_5]^+ \longrightarrow MC_2H_5]^+$$

$$M + NH_4]^+ \longrightarrow MH \cdot NH_3]^+$$

$$M + H_3O]^+ \longrightarrow MH \cdot H_2O]^+$$

$$M + MH]^+ \longrightarrow MH \cdot M]^+$$

(*M*-Molekül der Probe)

3. Protonenübertragung mit Eliminierung oder Spaltung

Bei der Reaktion von $[CH_5]^+$ mit Alkanen erfolgt zunächst H-Anlagerung. Das dabei entstehende Addukt ist jedoch instabil und zerfällt unter H_2-Abspaltung in ein $[M{-}H]$-Ion. In gleicher Weise entsteht aus Alkanolen das $[M{-}H_2O]$-Ion:

$$M + CH_5]^+ \longrightarrow M{-}H]^+ + H_2 + CH_4$$

$$M + CH_5]^+ \longrightarrow MH{-}H_2O]^+ + H_2O + CH_4$$

(*M*- Molekül der Probe)

4. Ladungsübertragung

Ist das Ionisationspotential der Moleküle des Reaktionsgases größer als das der Moleküle der Probe, dann erfolgt häufig Ladungsübertragung:

$$M + CH_4]^{+\cdot} \longrightarrow M^{+\cdot} + CH_4$$

$$M + C_6H_6]^{+\cdot} \longrightarrow M^{+\cdot} + C_6H_6$$

(*M*- Molekül der Probe)

5. Protonenabspaltung unter Bildung negativer Ionen

Ionen mit basischem Charakter entziehen aciden Verbindungen ein Proton, und es entstehen negative Ionen der Zusammensetzung $[M{-}\mathrm{H}]^-$, die mittels eines entsprechend eingerichteten Massenspektrometers registriert werden können:

$$M + \mathrm{Cl}^- \longrightarrow M{-}\mathrm{H}]^- + \mathrm{HCl}$$

(*M*- Molekül der Probe)

Die Chemische Ionisation zeigt hinsichtlich ihres Energieprofils und ihres Ablaufs deutliche Unterschiede zur Elektronenstoßionistation und auch zur Photoionisation. So gilt bei der Chemischen Ionisation für die Ionisation das Frank-Condon-Prinzip nicht. In den Massenspektren sind häufig Ionen der Zusammensetzung $[M-1]^+$ sowie $[M+1]^+$, $[M+29]^+$, $[M+41]^+$ u. a., sogenannte Quasimolekülionen, mit beträchtlicher Intensität zu beobachten, während oft nur wenige Fragmentionen entstehen. Zahlreiche Verbindungen, in deren Elektronenstoßmassensprekten kein Molekülionenpeak zu finden ist, weisen in den Chemischen Ionisationsmassenspektren derartige Quasi-Molekülionenpeaks mit hoher Intensität auf und können auf diesem Wege massenspektrometrisch untersucht werden.

Charakteristische Unterschiede zwischen Elektronenstoßmassenspektren und Chemische Ionisationsmassenspektren gehen aus Abb. 69 und Abb. 72 hervor.

Mit Hilfe der Chemischen Ionisationsmassenspektrometrie erhält man auch bei der Untersuchung von Gemischen gute Ergebnisse, besonders wenn das Massenspektrometer an einen Gaschromatographen gekoppelt wird, vgl. 14.

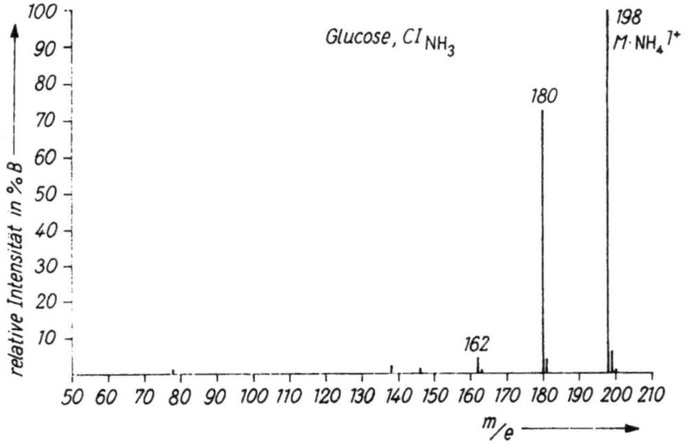

Abb. 72. Chemisches Ionisationsmassenspektrum (*CI-MS*) von Glucose (Reaktionsgas NH_3)

14. Kopplung von Gaschromatographie (*GC*) und Massenspektrometrie (*MS*)

Die Interpretation der Massenspektren von Stoffgemischen bereitet meist große Schwierigkeiten. Sie wird jedoch wesentlich erleichtert und führt zu präziseren Ergebnissen, wenn das Stoffgemisch vorher zerlegt werden kann.

Zur Trennung von Stoffgemischen hat sich die Gaschromatographie als besonders erfolgreich bewährt. Die Vorteile der Gaschromatographie lassen sich mit denen der Massenspektrometrie vereinigen, wenn man an das Massenspektrometer an den Ausgang eines Gaschromatographen anschließt. Man spricht dann vom gekoppelten Einsatz von Gaschromatographie und Massenspektrometrie oder einfach von der Kopplung *GC/MS* [48].

Die Kopplung der Gaschromatographie mit der Massenspektrometrie ist aus folgenden Gründen ideal:

- Für beide Verfahren müssen die zu untersuchenden Verbindungen im gasförmigen Zustand vorliegen,
- beide Methoden benötigen Probenmengen von weniger als 10^{-6} g,
- Gaschromatographie und Massenspektrometrie haben etwa vergleichbare Analysengeschwindigkeiten.

Hinzu kommt, daß die Gaschromatographie eine sehr gute Trennmethode ist, die Identifizierung der getrennten Komponenten aber Probleme mit sich bringt.
Die Massenspektrometrie hingegen ist zur Identifizierung einzelner Verbindungen gut geeignet, versagt aber vielfach bei Gemischen.
Trotz der Vorteile der Kopplung von Gaschromatographie und Massenspektrometrie ist die praktische Realisierung nicht ganz problemlos. Die gaschromatographische Trennung erfolgt bei einem Druck von ca. 10^5 Pa, die massenspektrometrischen Untersuchungen werden im Hochvakuum durchgeführt. Die gaschromatographisch getrennten Proben verlassen den Gaschromatographen zusammen mit dem Trägergas. Zur Überwindung dieser Schwierigkeiten wird zwischen beide Geräte ein sogenannter Separator als Kopplungsglied geschaltet, so daß sich für die Kopplung die in der Abb. 73 gezeigte Anordnung ergibt.
Als Gaschromatograph eignet sich fast jeder beliebige Gaschromatograph. Bei der Auswahl der Trennflüssigkeiten für die gaschromatographische Trennsäule muß darauf geachtet werden, daß die Phase bei den Arbeitsbedingungen (Vakuum, Temperatur) nicht bzw. möglichst nur sehr wenig abdampft. Die Moleküle der Trennflüssigkeit werden im Massenspektrometer ebenfalls abgebaut. Die gebildeten Fragmente erscheinen im Massenspektrum und können Ursache von Fehlinterpretationen sein. Im Abschnitt 18.1. sind daher die Massen-

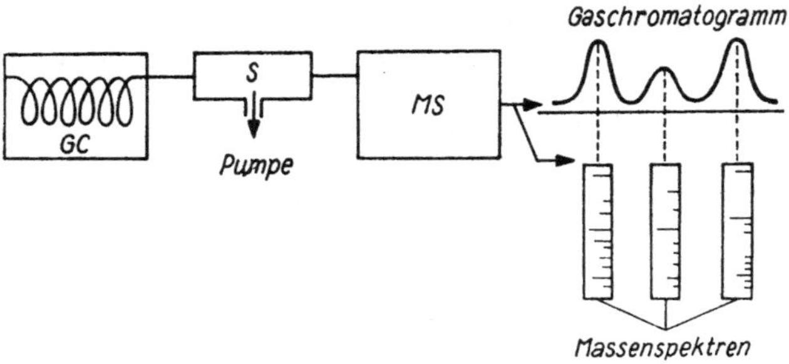

Abb. 73. Kopplung Gaschromatograph-Massenspektrometer
GC – Gaschromatograph, *MS* – Massenspektrometer
S – Separator

spektren einiger häufig benutzter gaschromatographischer Phasen angegeben.

Beim gekoppelten Einsatz von Gaschromatographie und Massenspektrometrie kann meist auf einen gaschromatographischen Detektor verzichtet werden, da das Massenspektrometer als allgemeiner und auch sehr spezifischer Detektor dient.

Die Parameter für das Massenspektrometer werden im wesentlichen durch den angeschlossenen Gaschromatographen bestimmt. Für die Eluierung einer gaschromatographisch abgetrennten Komponente wird eine Zeit in der Größenordnung von etwa einer Sekunde bis zu einer Minute benötigt. In diesem Zeitinterwall muß dann auch das vollständige Massenspektrum aufgenommen werden. Die dazu notwendige hohe Registriergeschwindigkeit, etwa 500 Masseneinheiten in der Sekunde, wird durch den Einsatz von Sekundärelektronenvervielfachern und Lichtpunktschreibern ereicht.

Die Aufzeichnung des Gaschromatogramms erfolgt mittels eines Kompensationsschreibers durch Registrierung des Totalionenstroms oder des Signals einer zweiten Ionenquelle, die als Druckmeßionenquelle gebaut ist. Zur Aufrechterhaltung des Hochvakuums ist es notwendig, daß das Pumpensystem entsprechend leistungsstark ist, damit es die einströmende Gasmenge bewältigen kann.

Der Separator hat die Aufgabe, das ankommende Trägergas, meist Helium, von der eluierten Probe abzutrennen und den Druck von etwa 10^5 Pa auf 10^{-3} bis 10^{-4} Pa herabzusetzen, ohne daß dabei größere Substanzverluste und Vermischung der getrennten Komponenten eintreten. Diese Aufgabe kann auf verschiedenen Wegen

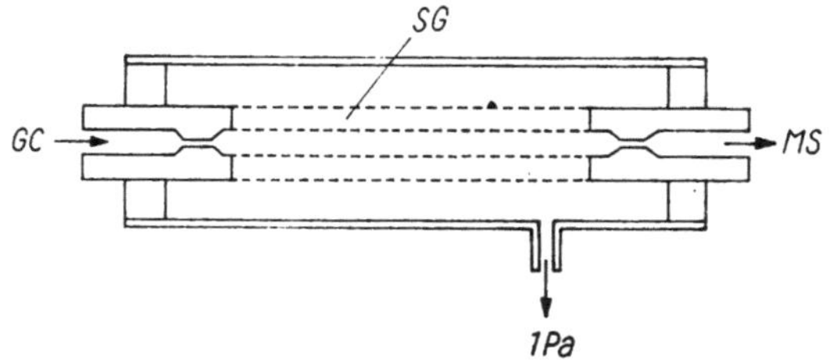

Abb. 74. Aufbau des Biemann-Watson-Separators (schematisch)
GC — Gaschromatograph, *MS* — Massenspektrometer, *SG* — Sinterglas

realisiert werden. Beim Biemann-Watson-Separator wird die unterschiedliche Diffusionsgeschwindigkeit von Trägergas (Helium oder Wasserstoff) und Probenmolekülen durch Sinterglas ausgenutzt, vgl. Abb. 74. Das diffundierte Trägergas wird abgepumpt. Damit reichert sich die Probe im verbleibenden Trägergas an. Mit zweistufigen Biemann-Watson-Separatoren wird eine Anreicherung von 1 : 200 bei etwa 40—50% Probenverlust erreicht. Um zu verhindern, daß sich empfindliche Verbindungen an der Sinterglasoberfläche zersetzen oder adsorbiert werden, silanisiert man die Oberfläche [49].

Ein anderes Arbeitsprinzip liegt dem Becker-Ryhage-Düsenseparator zugrunde. Trägergas und Probe passieren eine Düse mit Überschallgeschwindigkeit und erreichen über einen Spalt eine weitere Düse, die der ersteren genau gegenübersteht, vgl. Abb. 75.

Im Spalt diffundiert ein Teil der Trägergasmoleküle bevorzugt in die äußeren Randbezirke des Gasstrahls und wird dort abgepumpt. Der größte Teil der schwereren Probenmoleküle verbleiben in den inneren Bezirken und treten in die zweite Düse ein. Die Anreicherung beträgt bei dieser Arbeitsweise etwa 1 : 80, wobei mit einem Probenverlust von 50% zu rechnen ist.

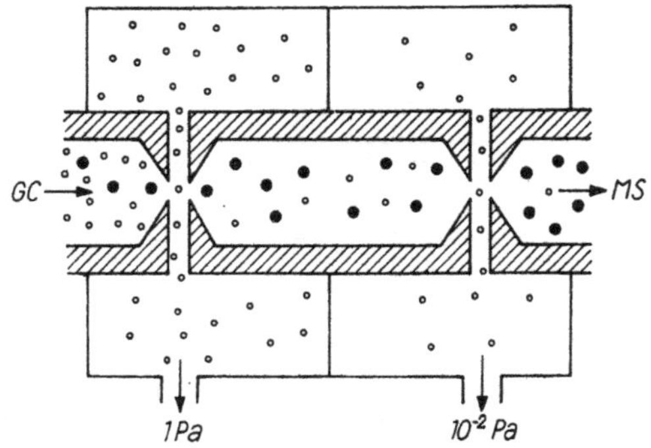

Abb. 75. Aufbau eines Düsenseparators nach BECKER-RYHAGE (schematisch)
GC – Gaschromatograph, *MS* – Massenspektrometer

In beiden bisher beschriebenen Molekularseparatoren wird das Trägergas von der Probe abgetrennt. Beim Membranseparator nach LLEWELLYN, vgl. Abb. 76, wird das größere Diffusionsvermögen der Probenmoleküle im Vergleich zum Trägergas durch eine Silicongummimembran ausgenutzt.

Die Diffusionsrate kann durch programmiertes Aufheizen des Separators gesteuert werden. Der Vorteil der LLEWELLYN-Separatoren gegenüber den anderen beiden beschriebenen Typen liegt darin, daß kaum Trägergas in das Massenspektrometer gelangt und daß durch das Vakuum im Massenspektrometer der Ausgang der gaschromatographischen Säule nicht beeinflußt wird.

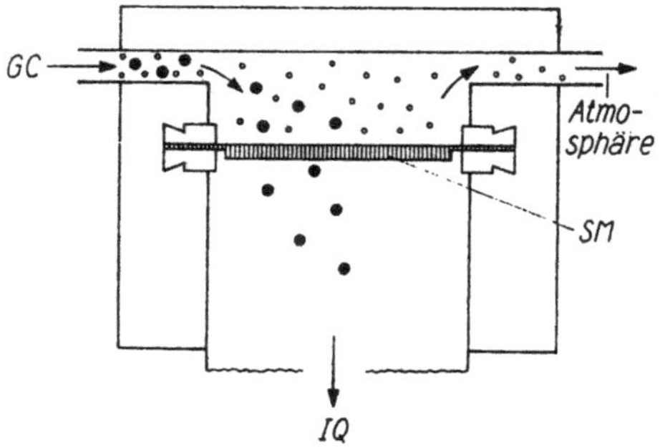

Abb. 76. Aufbau des Membranseparators nach *Llewellyn* (schematisch)
GC – Gaschromatograph, *SM* – Siliconmembran, *MS* – Massenspektrometer, *IQ* – Ionenquelle

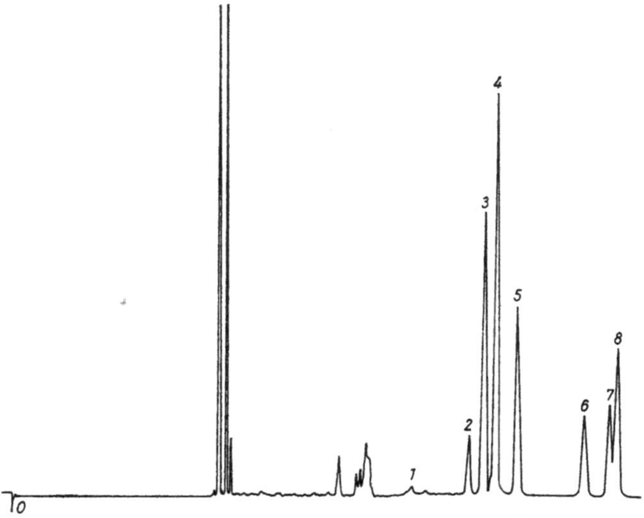

Abb. 77. Kapillargaschromatogramm der Hydrierungsprodukte des Hexamethylbenzols, aufgenommen mit einem Kapillargaschromatographen, der an das Massenspektrometer CH–6 gekoppelt worden ist (Phase: Squalan, Temperatur: 150 °C).

Wird ein Kapillargaschromatograph an ein Massenspektrometer angeschlossen, so kann in den meisten Fällen der Separator entfallen, da die relativ geringe Menge Trägergas (etwa 1 bis 2 m*l* min^{-1}) vom Pumpensystem des Massenspektrometers unter Aufrechterhaltung des Vakuums abgepumpt werden kann [50].

Abb. 77 zeigt das Kapillargaschromatogramm der acht stereoisomeren Hexamethylcyclohexane, die bei der Hydrierung von Hexamethylbenzol entstehen.

In Abb. 78 wird das Massenspektrum der Verbindung, die den gaschromatographischen Peak 4 belegt, vorgestellt. Es handelt sich um 1*r*,2*c*,3*t*,4*c*,5*t*,6*c*-Hexamethylcyclohexan.

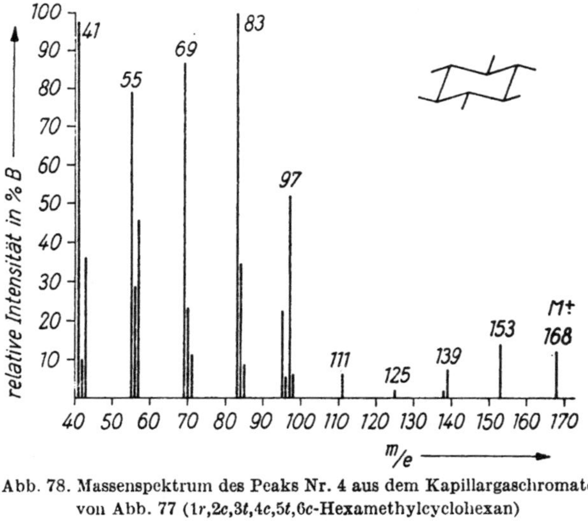

Abb. 78. Massenspektrum des Peaks Nr. 4 aus dem Kapillargaschromatogramm von Abb. 77 (1*r*,2*c*,3*t*,4*c*,5*t*,6*c*-Hexamethylcyclohexan)

15. Massenfragmentographie

Zur Erhöhung der Empfindlichkeit des Massenspektrometers als substanzspezifischer Detektor in Kombination mit der Gaschromatographie ist eine spezielle Technik entwickelt worden, die die Bezeichnung Massenfragmentographie trägt. Das Prinzip dieser Methode besteht darin, daß einige ausgewählte Peaks (maximal 8) gesonderte Registrierkanäle erhalten, die es gestatten, die gleichzeitige Registrierung des Intensitätsverlaufes während der Eliminierung der gaschromatographisch getrennten Komponenten vorzunehmen. Die Empfindlichkeitssteigerung wird über eine Verbesserung des Signal-Rausch-Verhältnisses erreicht, indem auf den jeweiligen Massenpeak über längere Zeit als beim normalen Spektrum gemessen und integriert wird. Wählt man für eine nur in Spuren vorhandene Verbindung charakteristische und möglichst intensive Massenpeaks aus, so wird ein eindeutiger Nachweis dieser Verbindung im Picogramm-Bereich möglich. Die bei der Massenfragmentographie erreichte Empfindlichkeit übertrifft damit um das 100- bis 1000fache die bei der Kopplung von Gaschromatographie und Massenspektrometrie oder die durch den Flammenionisationsdetektor in der Gaschromatographie erreichbare. Aus diesem Grunde findet die Methode besonders zur Untersuchung von Stoffwechselmetaboliten, zum Nachweis von Spuren toxischer Stoffe (Umweltschutz) und zur quantitativen Bestimmung von Giften und Rauschmitteln Anwendung [51].

16. Anwendung der elektronischen Datenverarbeitung in der Massenspektrometrie

Der hohe Datenanfall pro Zeiteinheit in der Massenspektrometrie und die für die Interpretation der Meßergebnisse notwendige Aufarbeitung derselben lassen den Einsatz von elektronischen Datenverarbeitungsanlagen sinnvoll erscheinen. Vielfach ist der Rechner Bestandteil des Massenspektrometers, übernimmt Aufgaben, die sonst von den am Gerät arbeitenden Mitarbeitern wahrgenommen werden müssen, und kann selbst aktiv auf den Meßvorgang einwirken [5, 52].

In Abhängigkeit von der Art des Rechneranschlusses an das Massenspektrometer unterscheidet man zwei grundsätzliche Arbeitsweisen, vgl. Abb. 79:

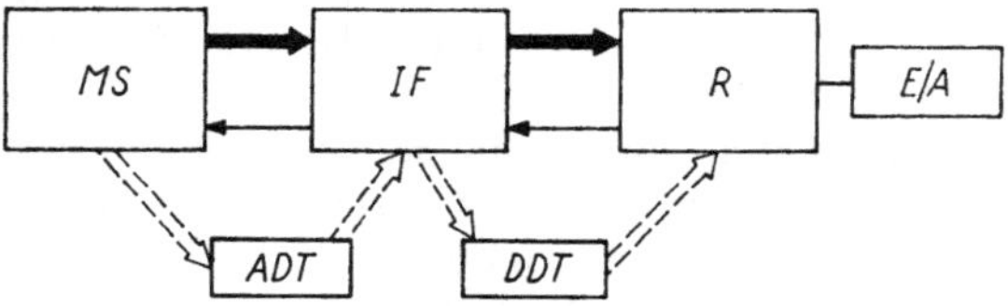

Abb. 79. Blockschema der Kopplung eines Massenspektrometers mit einem Rechner über eine Interface-Einheit
⟶ on line-Betrieb, ⇢ off line-Betrieb
MS – Massenspektrometer, *IF* – Interface, *R* – Rechner, *E/A* – Eingabe/Ausgabe, *ADT* – Analogdatenträger, *DDT* – Digitaldatenträger

1. *Off line-Betrieb:* Zwischen der Registrierung des Massenspektrums und der Bearbeitung Verarbeitung der anfallenden Informationen durch den Rechner besteht kein unmittelbarer zeitlicher und räumlicher Zusammenhang. Der Rechner wird zu einfachen mathematischen Operationen wie Spektrennormierung, Isotopenkorrektur, Spektrenvergleich u. a. eingesetzt. Die Art der Dateneingabe und der Rechenablauf werden hauptsächlich durch den Rechner und durch das verwendete Programm bestimmt. An den Rechner selbst werden keine besonderen Anforderungen gestellt.

2. *On line-Betrieb:* Der Rechner ist direkt an das Massenspektrometer angeschlossen. Die Daten werden bereits während der Messung verarbeitet. Die Arbeitsweise des Rechners wird durch das Massenspektrometer bestimmt. Das bedeutet, daß der Rechner in bezug auf die Datenrate, die Datenmenge, die Genauigkeit u. a. an das Massenspektrometer angepaßt sein muß. Meist werden zum Anschluß an Massenspektrometer Digitalrechner eingesetzt. Da aber das Massenspektrometer die Signale in Form von elektrischen Spannungswerten, sogenannten analogen Signalen, liefert und der Rechner

nur digitale Werte verarbeiten kann, müssen beide Geräte durch ein geeignetes Koppelwerk, dem Interface, miteinander verbunden werden. Die Interface-Einheit enthält alle Bauteile, die normalerweise nicht in einem Rechner installiert werden, aber notwendig sind, damit der Rechner Informationen mit dem Massenspektrometer austauschen kann. Dazu gehören Analog-Digital-Wandler, Zeitgeber, Multiplexer, Speicher u. a. Die Leistungsanforderungen an die Interface-Einheit werden weitgehend durch das Massenspektrometer selbst sowie durch die Registriergeschwindigkeit und durch den Datenfluß bestimmt. Für ein langsamregistrierendes, niederauflösendes Massenspektrometer muß, eine Datenrate von 20 bis 50 Hz, das sind 20 bis 50 Signalwandlungen pro Sekunde, bewältigt werden, für schnellregistrierende und auch für hochauflösende Massenspektrometer hingegen liegen die Datenraten zwischen 5 und 100 kHz.

Beim Anschluß eines Rechners an das Massenspektrometer werden die analogen Signale, die sonst mit Hilfe eines Schreibers als Spektrum registriert werden, durch die Interface-Einheit in einzelne Meßpunkte zerlegt (digitalisiert), deren Lage durch den digitalen Spannungswert (Intensitätsmaß) und durch einen Zeitwert gegeben ist, vgl. Abb. 80, S. 162. Ein Massenspektrum wird auf diese Weise in mindestens 10000 solcher Meßpunkte zerlegt. Der Rechner reduziert die Anzahl der Meßpunkte, indem er die Maxima ermittelt und diese, manchmal zusammen mit einem Formfaktor, speichert. Danach erfolgen die Massenzuordnung und weitere Operationen wie z. B. Normierung, Isotopenkorrekturen u. a. Erst dann wird das Massenspektrum in Form einer Tabelle oder auch als Strichspektrum vom Rechner ausgegeben.

Der Rechner kann auch das Massenspektrometer selbständig steuern, wenn eine entsprechende Rückkopplungseinrichtung (Digital-Analog-Wandler) im Interface vorhanden ist. So übernimmt z. B. bei der Massenfragmentographie, vgl. 15., der Rechner die

Auswahl der zu untersuchenden Signale und ihre Verteilung auf die einzelnen Registrierkanäle.

Durch den Anschluß von elektronischen Datenverarbeitungsanlagen an das Massenspektrometer sind Analysensysteme geschaffen worden, die mit minimalem

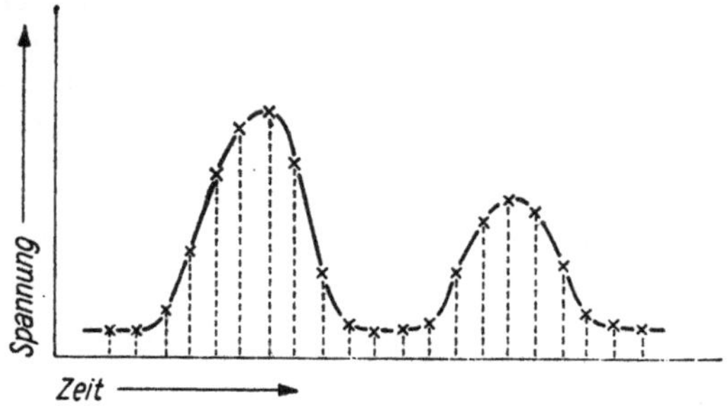

Abb. 80. Digitalisierung eines analogen Signales

Zeitaufwand eine große Anzahl von Daten ermitteln und verarbeiten können.

So fallen z. B. bei der Analyse von Gemischen durch gekoppelten Einsatz von Gaschromatographie und Massenspektrometrie in einer Stunde bis zu 1000 Massenspektren an, deren manuelle Auswertung einige Wochen in Anspruch nimmt. Bei Anschluß eines Rechners im on line-Betrieb erhält man noch während der Messung die Spektren in normierter Form und kann außerdem durch den Rechner eine Spektrenzuordnung vornehmen lassen, wenn die entsprechenden Programme vorliegen.

17. Literatur

[1] Recommendations for Nomenclature of Mass Spectrometry, Pure Appl. Chem. **37** (1974), 469–480

[2] BECKEY, H. D., COMES, F. J., in: BURLINGAME, A. L. (*Ed.*): "*Techniques of Molecular Ionization in Topics of Organic Mass Spectrometry*", Wiley & Sons, New York, London, Sidney, Toronto

WORLEY, S. D.: Photoelectron Spectroscopy in Chemistry, Chem. Rev. **71** (1971), 295–314

[3] BRUNNÉE, C., VOSHAGE, H.: „*Massenspektrometrie*", Verlag Karl Thiemig KG, München 1964

[4] BIRKENFELD, H., HAASE, G., ZAHN, H.: „*Massenspektrometrische Isotopenanalyse*", VEB Deutscher Verlag der Wissenschaften, Berlin 1969

[5] KIENITZ, H. (*Hrsg.*): „*Massenspektrometrie*", Verlag Chemie, GmbH, Weinheim/Bergstraße 1968

[6] BLUM, W. B., HROSCH, W.: Computersteuerung eines Gaschromatograph-Quadrupolmassenspektrometer-Systems, Neue Technik Nr. 12 (1971), 2–12

[7] SEIBL, J.: „*Massenspektrometrie*", Akademische Verlagsgesellschaft, Frankfurt am Main 1970

[8] Rechenprogramme zur Ermittlung von Isotopenmustern für den Kleinrechner C 8205, Sektion Chemie der Karl-Marx-Universität Leipzig

[9] BEYNON, J. H., SAUNDERS, R. A., WILLIAMS, A. F.: "*Table of Metastable Transitions for Use in Mass Spectrometry*", Elsevier Publishing Company, Amsterdam, London, New York 1965

[10] ROSENSTOCK, H. M., WALLENSTEIN, M. B., WAHRHAFTIG, A. L., EYRING, H.: Proc. Nat. Acad. Sci. U. S. **38** (1972) 667

ROSENSTOCK, H. M., in: "*Advances in Mass Spectrometry*", KENDRICK, E. (*Ed.*). The Institute of Petroleum London 1968, 523–545

[10a] R. G. Cooks, J. H. Beynon, R. M. Caprioli, G. R. Lester: "*Metastabile Ions*", Elsevier Scientific Publishing Company, Amsterdam, London, New York 1973

[11] Hammond, G. S.: A Correlation of Reactions Rates, J. Amer. Chem. Soc. 77 (1955), 334–338

[12] Budzikiewicz, H.: „*Massenspektrometrie*" (Reihe Taschentext) Verlag Chemie GmbH, Weinheim/Bergstraße 1973

[13] Džonston, R.: „*Rukovodstvo po massspektrometrii dlja chimikov-organikov*" (Übers. aus dem Engl.), Mir, Moskva 1975

[14] Biemann, K.: "*Mass Spectrometry, Organic Chemical Application*", Mc Graw-Hill, New York 1962

[15] Spiteller, G.: „*Massenspektrometrische Strukturanalyse organischer Verbindungen*", Akademische Verlagsgesellschaft Geest & Portig K.-G., Leipzig 1966

[16] Benz, W.: „*Massenspektrometrie organischer Verbindungen*", Akademische Verlagsgesellschaft Geest & Portig K.-G., Leipzig 1969

[17] Grubb, H. H., Meyerson, S., in: McLafferty, F. W. (*Ed.*): "*Mass Spectrometry of Organic Ions*", Academic Press Inc., New York 1963

[18] Hauptmann, S., Graefe, J., Remane, H.: „*Lehrbuch der organischen Chemie*", VEB Deutscher Verlag für Grundstoffindustrie, Leipzig 1976

[19] Beynon, J. H., Saunders, R. A., Williams, A. E.: "*The Mass Spectra of Organic Molecules*", Elsevier Publishing Company, Amsterdam, London, New York 1968

[20] Poljakova, A. A., Chmel'nickij, R. A.: „*Mass-spektrometrija v organiceskoj Chimi*", Izd. Chemija, Leningrad 1972

[21] Macdonald, C. G., Shannon, J. S., Sugowdz, G.: "Stereo*chemistry and Elimination Reactions of Hydroxy and Acetoxy Compounds*", Tetrahedron Letters London 1963, 807–814

[22] Borsdorf, R., Scholz, M.: „*Spektroskopische Methoden in der organischen Chemie*", Akademie-Verlag, Berlin 1975

[23] Herzschuh, R., Remane, H.: Die Massenspektren der Thiacycloalkanone und der Thiacycloalkanon-1,1-dioxide, OMS 9 (1974), 665–671

[24] Budzikiewicz, H., Djerassi, C., Williams, D. H.: "*Mass Spectrometry of Organic Compounds*", Holden Day, San Francisco 1967

[25] Spiteller, G.: "*Mass Spectrometry of Heterocyclic Com-*

pounds", in: KATRITZKY, A. R.: "*Physical Methods in Heterocyclic Chemistry*", Vol. III, S. 223–296, Academic Press New York, London 1971

[26] LITZOW, M. R., SPALDING, T. R.: "*Mass Spectrometry of Inorganic and Organometallic Compounds*", Elsevier Scientific Publishing Company, Amsterdam, London, New York 1973

[27] MÜLLER, J.: Zerfall von Organometallkomplexen im Massenspektrometer, Angew. Chem. **84** (1972), 725–737

[28] BROOKS, C. J. W., MIDDLEDITCH, B. S., in: HEFTMANN, E. (*Ed.*): "*Modern Methods of Steroid Analysis*", Academic Press, New York 1973, S. 140ff.

[29] ZEMAN, A., SCHARMANN, H.: Massenspektrometrie von Lipiden (eine Zusammenfassung), Fette-Seifen-Anstrichmittel **74** (1972), 509–519, **75** (1973), 170ff.

[30] BOSSHARDT, H., HESSE, M.: Massenspektrometrische Wechselwirkung zwischen den funktionellen Gruppen mehrfach substituierter Alkane, Angew. Chem. **86** (1974), 256–270

[31] ZSCHUNKE, A.: „*Kernmagnetische Resonanzspektroskopie in der organischen Chemie*“, Akademie-Verlag, Berlin 1973

[32] WIPKE, W. T., HELLER, S. R., FELDMANN, R. J., HYDE, E. (*Eds.*): "*Computer Representation and Manipulation of Chemical Information*", Wiley-Interscience, New York 1974

[33] ABE, H., JURS, P. C.: Automed Chemical Structure Analysis of Organic Molecules with a Molecular Structure Generator and Pattern Recognition Techniques, Anal. Chemistry **47** (1975), 1829–1835

[34] HERZSCHUH, R., HEIN, W.: Interpretation von Alkan-Massenspektren, die bei der Gemischanalyse durch Kombination von Gaschromatographie und Massenspektrometrie entstehen, J. prakt. Chem. **317** (1975), 933–937

[35] LIEB, H., SCHÖNINGER, W.: „*Arbeiten mit kleinen Substanzmengen*“, in: „*Methoden der organischen Chemie*“ (HOUBEN-WEYL), „*Allgemeine Laboratoriumspraxis*“, Bd. 1/2, Georg Thieme Verlag, Stuttgart 1959, S. 409–442

[36] SCHATENSTEIN, A. I.: „*Isotopenaustausch und Substitution des Wasserstoffs in organischen Verbindungen*“, in KRELL, E. (*Hrg.*): „*Physikalisch-chemische Trenn- und*

Meßmethoden", Bd. 8, Deutscher Verlag der Wissenschaften, Berlin 1963

[37] KISER, R. W.: "*Introduction to Mass Spectrometry and Its Applications*", Prentice-Hall, Inc., Engelwood Cliffs, New Jersey 1965

[38] FIELD, H. F., FRANKLIN, J. L.: "*Electron Impact Phenomena*", Academic Press, New York 1957

[39] BERTHOLD, P. H., RÖSNER, H., WILDE, G.: „*Strukturgruppenanalyse natürlicher und technischer Kohlenwasserstoffgemische*", Bd. II, VEB Deutscher Verlag für Grundstoffindustrie Leipzig 1968

[40] POLJAKOVA, A. A.: „*Molekuljarnyj mass-spektralnyj analis neftej*", Isd. Nedra, Moskva, 1973

[41] EGE, G.: „*Zahlentafeln zur Massenspektrometrie und Elementaranalyse*", Verlag Chemie GmbH, Weinheim/Bergstraße 1970

[42] BECKEY, H.-D.: "*Field Ionization Mass Spectrometry*". Akademie-Verlag, Berlin 1971

[43] LEVSEN, K.: Theorie, Technik und Anwendungsmöglichkeiten der Feldionenmassenspektrometrie, Chemiker-Ztg. **95** (1971), 725–732

[44] BECKEY, H.-D., SCHULTEN, H.-R.: Felddesorptions-Massenspektrometrie, Angew. Chem. **87** (1975), 425–438

[45] AXENROD, T.: Applications of Chemical Ionization in Mass Spectrometry in Organic Chemistry, La Chimica e L'Industria **52** (1970), 550–556

[46] HUNT, D. F., HARVEY, T. H.: Nitric Oxide Chemical Ionization Mass Spectra of Alkanes, Anal. Chemistry **47** (1975), 1965–1969

[47] HUNT, D. F., HARVEY, T. M.: Nitric Oxide Chemical Ionization Mass Spectra of Olefines, Anal. Chemistry **47** (1975), 2136–2141

[48] MCFADDEN, W. H.: "*Techniques of Combined Gas Chromatography/Mass Spectrometry*", J. Wiley and Sons Inc., New York 1975

[49] SCHUY, K. D., HUNNEMAN, D. H.: Kombinierte Gas-Chromatographie/Massenspektrometrie — Grundlagen des Verfahrens und Bedeutung der Kopplung in der Chemie, Chemiker-Ztg. **95** (1971), 633–643

[50] Proceedings of the First International Symposium on Glass Capillary Chromatography, Hindelang (BRD) 1975

[51] Palmér, L., Holmstedt, B.: Mass Fragmentography — the use of the Mass Spectrometer as a selective and sensitive Detector in Gas Chromatography, Sciences Tools **22** (1975), 25—31

[52] Henneberg, D., Casper, K., Ziegler, E., Weisman, B.: Massenspektrometrische Analyse organisch-chemischer Verbindungen mit Hilfe eines Computersystems, Angew. Chem. **84** (1972), 37—64

Weiterführende Literatur

Als weiterführende Literatur zur Information über die verschiedensten Gebiete der Massenspektrometrie organischer Verbindungen können die im Literaturverzeichnis unter 5, 7, 15, 16, 19, 20 und 40 genannten Titel dienen.

Darüber hinaus sollen an dieser Stelle die wichtigsten Zeitschriften, in denen massenspektrometrische Originalarbeiten veröffentlicht werden, sowie die bekanntesten Spektrensammlungen genannt werden.

Zeitschriften

- Organic Mass Spectrometry (seit 1968)
- International Journal of Mass Spectrometry and Ion Physics (seit 1968)
- Advances in Mass Spectrometry (seit 1959): Alle drei Jahre ein Band, der die Vorträge enthält, die anläßlich der Conference on Mass Spectrometry gehalten werden.
- Progress in Mass Spectrometry (seit 1973): Bände in loser Folge, die vor allem Übersichtsartikel enthalten.

Spektrensammlungen

- ASTM Index of Mass Spectral Data. Heyden & Son Ltd., London.
- Catalog of Mass Spectral Data. American Petroleum Institute. Carnegie Institute of Technologie, Pittsburgh.
- Catalog of Mass Spectral Data. Carnegie Institute of Technology, Pittsburgh.
- Collection of Uncertified Spectra. Mass Spectrometry Data Centre, A. W. R. E., Aldermaston Berks.
- Compilation of Mass Spectral Data. Cornu, A., Massot, R. Heyden & Son Ltd., London.

18. Anhang

18.1. Massenspektren einiger wichtiger Lösungsmittel und gaschromatographischer Phasen, die häufig als Verunreinigungen in Massenspektren nachweisbar sind

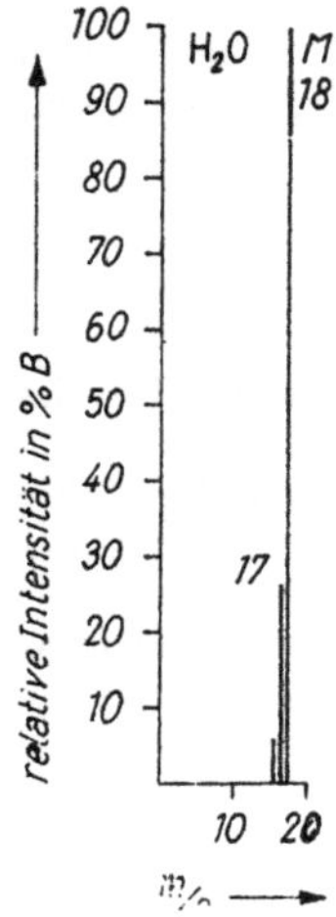

Abb. A-1. Wasser

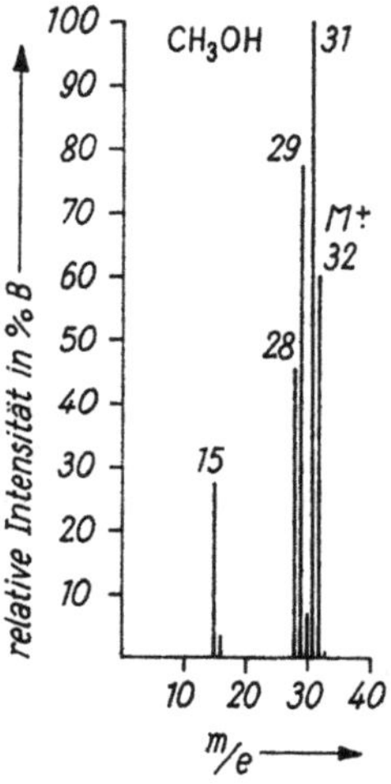

Abb. A-2. Methanol

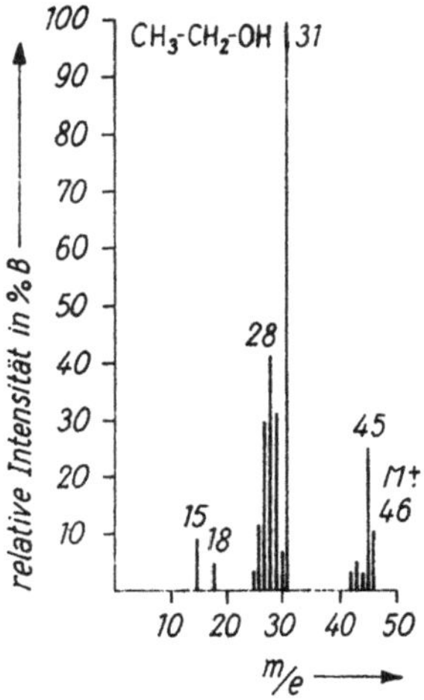

Abb. A-3. Äthanol

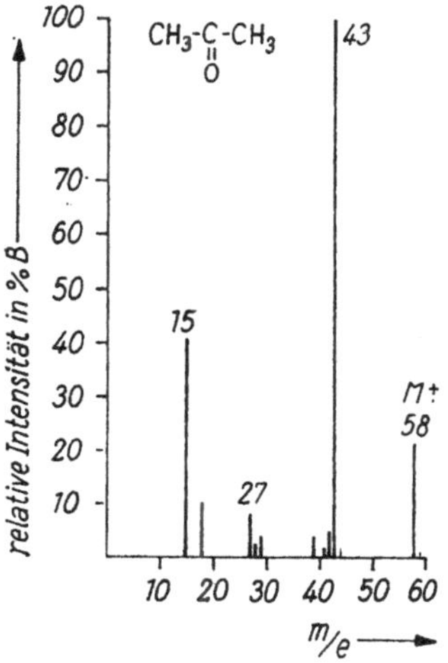

Abb. A-4. Aceton

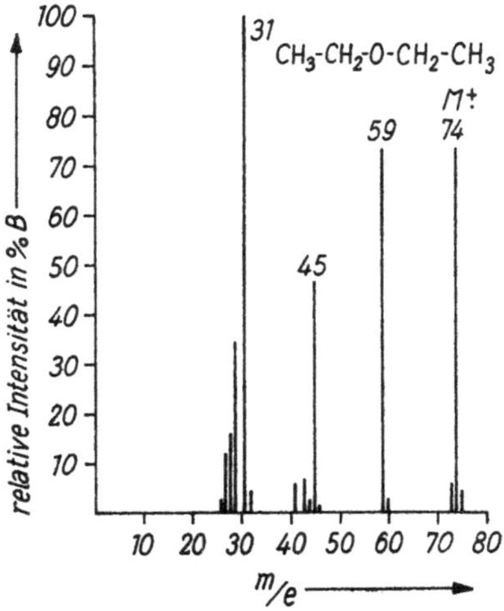

Abb. A-5 Diäthyläther

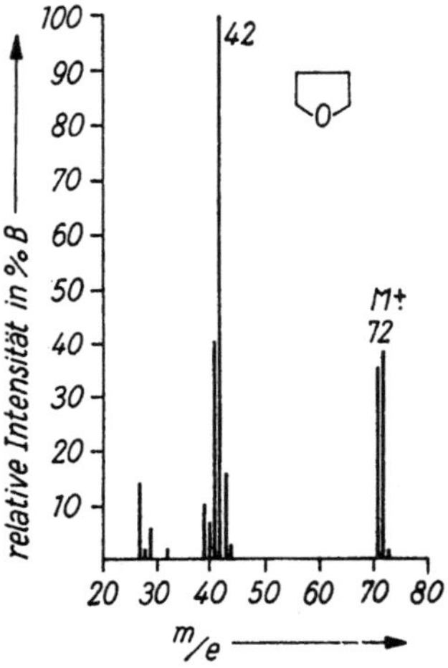

Abb. A-6. Tetrahydrofuran

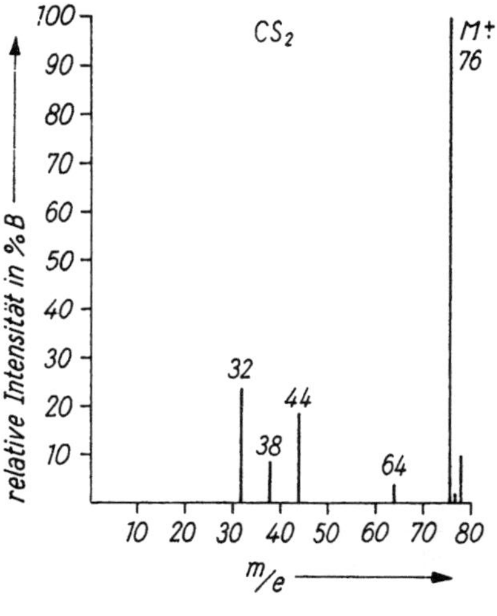

Abb. A-7. Schwefelkohlenstoff

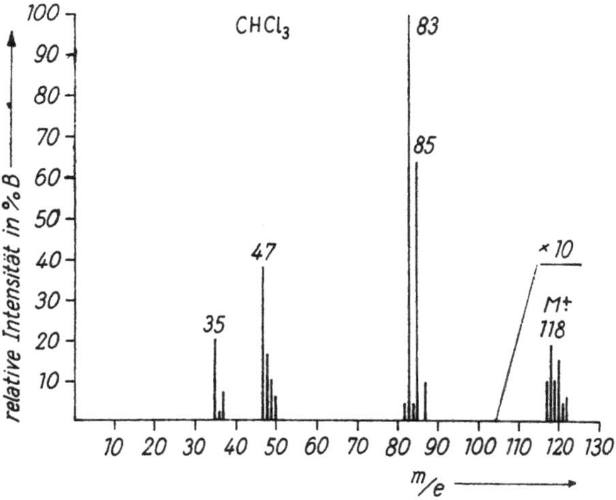

Abb. A-8. Chloroform

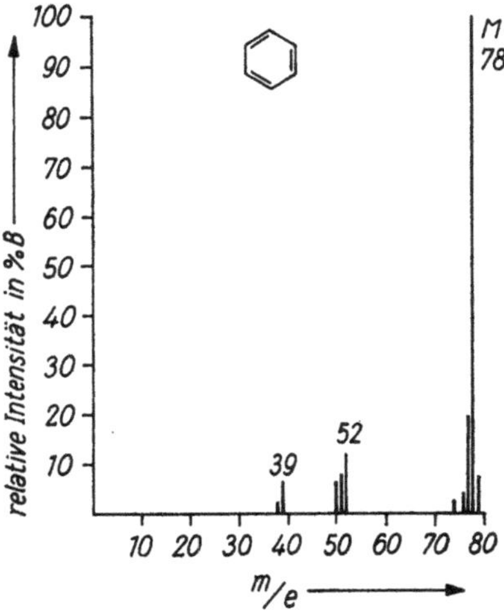

Abb. A-9. Benzol

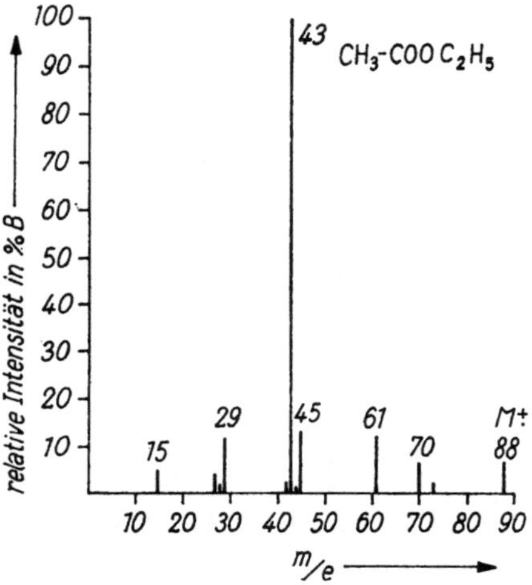

Abb. A-10. Essigsäureäthylester

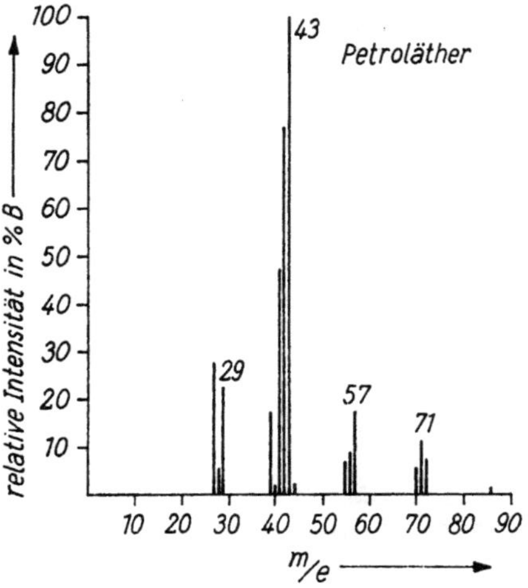

Abb. A-11. Petroläther

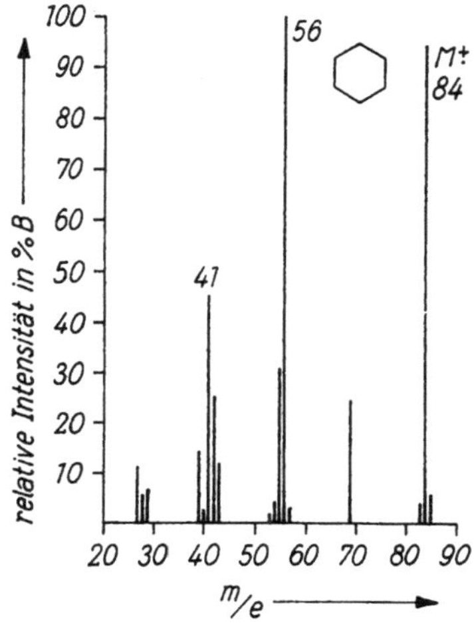

Abb. A-12. Cyclohexan

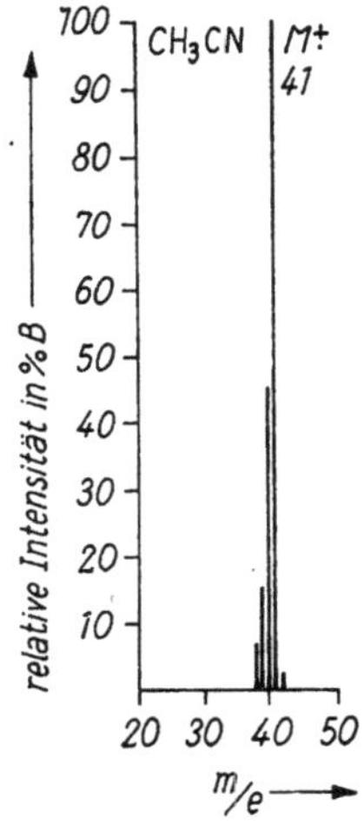

Abb. A-13. Acetonitril

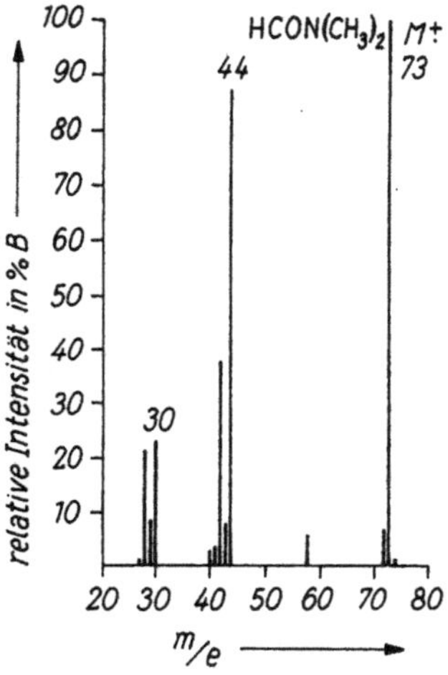

Abb. A-14. Dimethylformamid

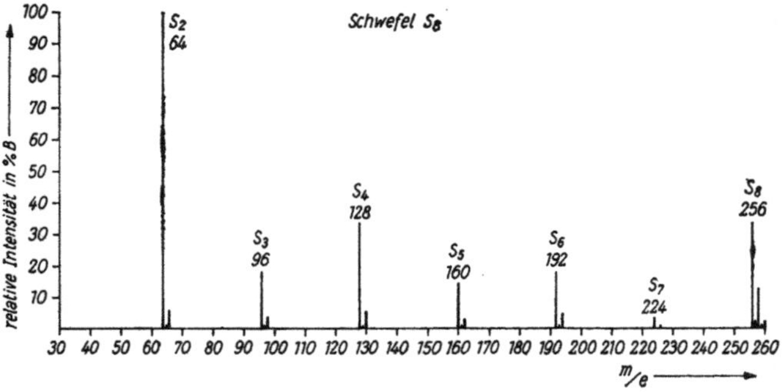

Abb. A-15. Schwefel

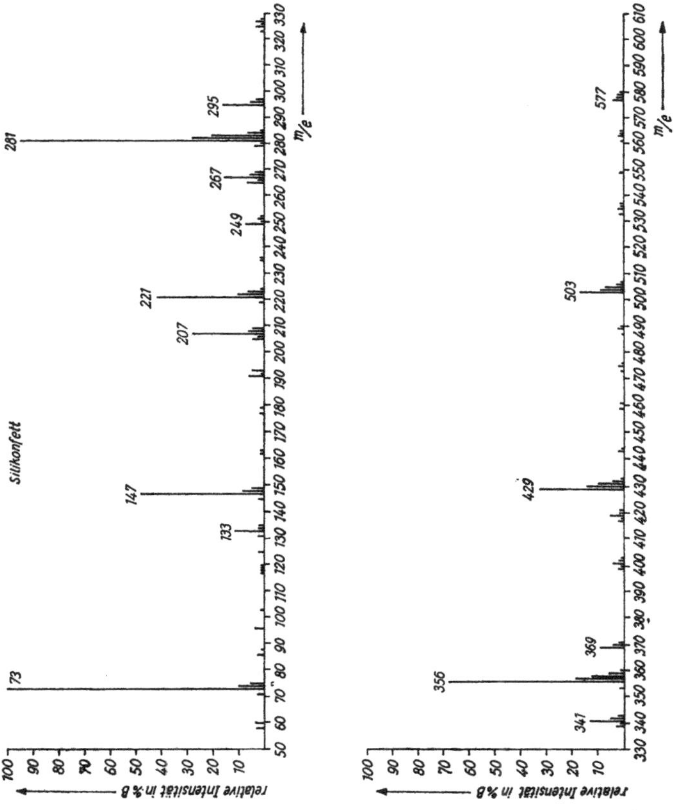

Abb. A-16. Silikonfett

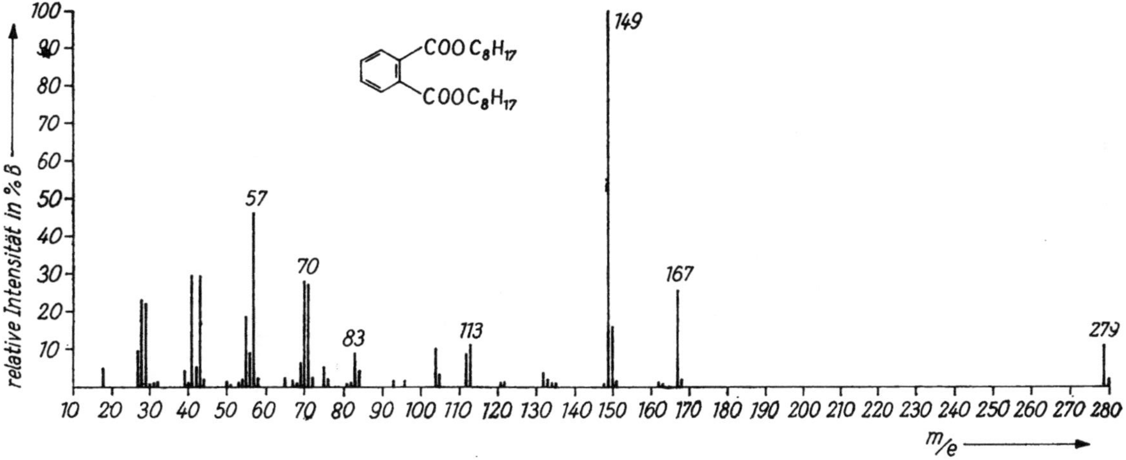

Abb. A-17. Phthalsäuredioctylester

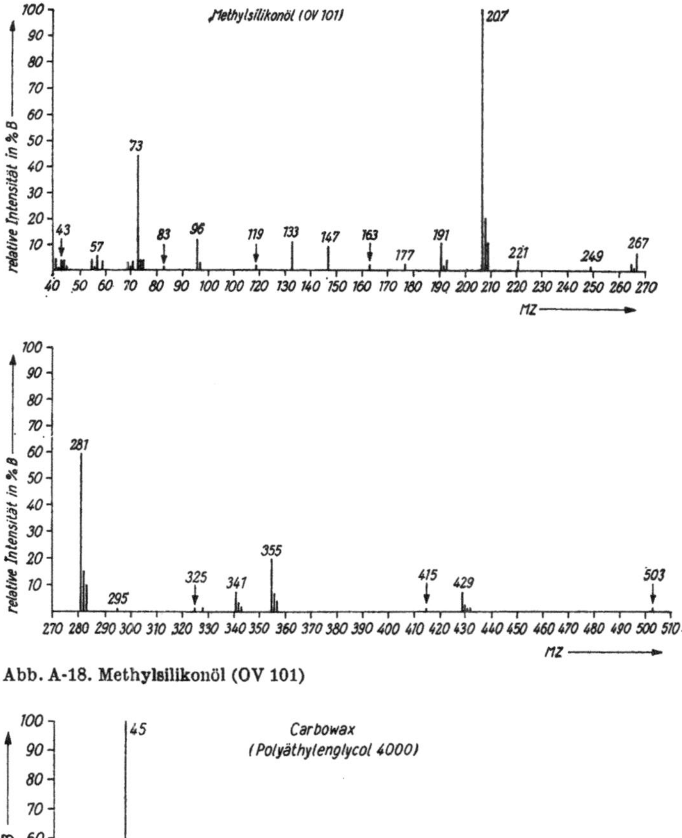

Abb. A-18. Methylsilikonöl (OV 101)

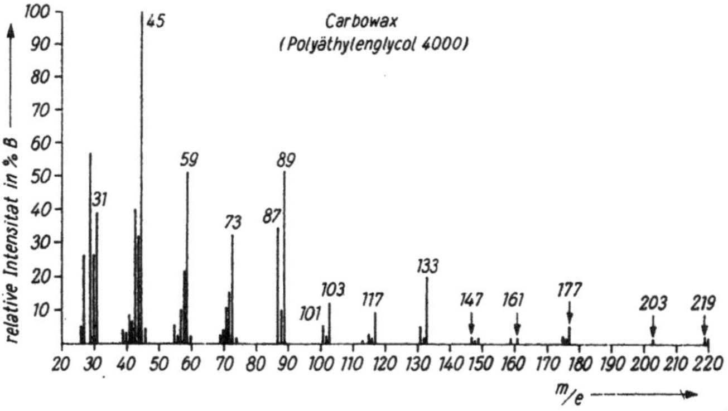

Abb. A-19. Carbowax (Polyäthylenglycol 4000)

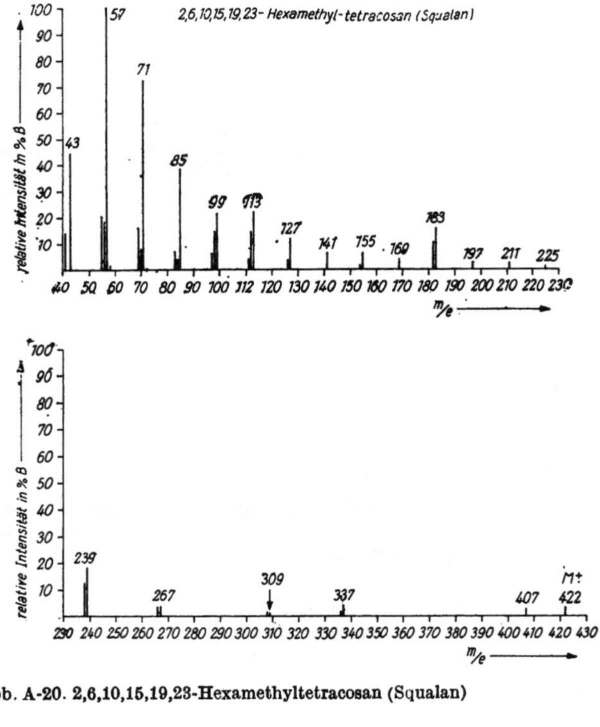

Abb. A-20. 2,6,10,15,19,23-Hexamethyltetracosan (Squalan)

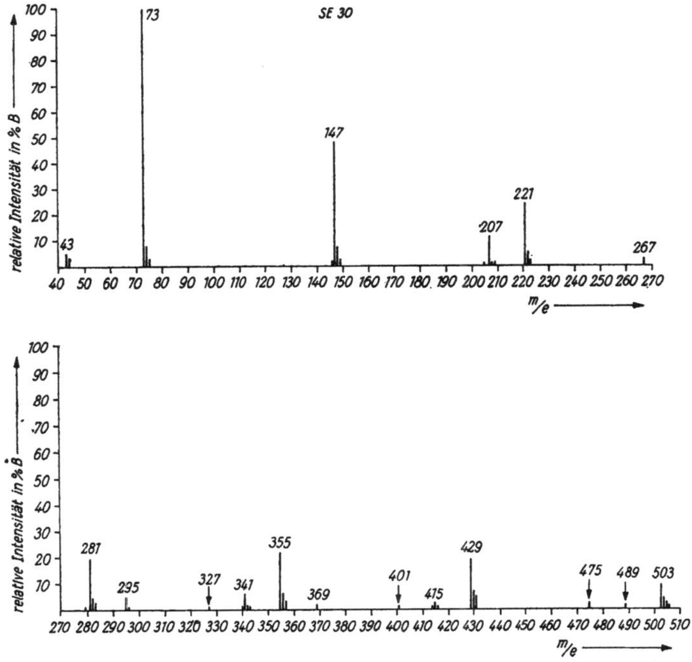
SE 30
relative Intensität in % B
100
90
80
70
60
50
40
30
20
10
43
73
147
207
221
267
40 50 60 70 80 90 100 110 120 130 140 150 160 170 180 190 200 210 220 230 240 250 260 270
m/e
relative Intensität in % B
281
295
327
341
355
369
401
415
429
475
489
503
270 280 290 300 310 320 330 340 350 360 370 380 390 400 410 420 430 440 450 460 470 480 490 500 510
m/e

Abb. A-21. SE 30

18.2. *Ionisationspotentiale einiger Elemente und Verbindungen*

Element/Verbindung	*IP* [kJ mol^{-1}]	*IP* [eV]
He	2364,2	24,5
Ar	1524,7	15,8
N_2	1505,4	15,6
H_2	1486,1	15,4
O_2	1177,3	12,2
CO_2	1331,7	13,8
NH_3	1003,6	10,4
CH_4	1254,5	13,0
C_2H_6	1129,1	11,7
C_2H_2	1109,7	11,5
CH_3Cl	1090,4	11,3
C_3H_8	1080,8	11,2
C_2H_4	1022,9	10,6
C_2H_5OH	1022,9	10,6
CH_3Br	1013,2	10,5
C_6H_{12}	955,3	9,9
C_6H_6	887,8	9,2
CH_3NH_2	887,8	9,2
Äthylbenzol	878,1	9,1
m-Xylol	829,9	8,6
Naphthalin	800,9	8,3
$(CH_3)_2NH$	791,3	8,2
Phenanthren	781,6	8,1
$(CH_3)_3N$	752,7	7,8

19. Sachregister

(*MS* = Massenspektrum)

Die Verfasser behandeln

- das Prinzip und die apparativen Grundlagen der Elektronenstoßmassenspektrometrie
- die Technik der Auswertung von Massenspektren
- den Zusammenhang zwischen der Struktur organischer Verbindungen und den Massenspektren sowie die Massenspektren einzelner Verbindungsklassen
- spezielle Anwendungsmöglichkeiten und neuere Trends

WISSENSCHAFTLICHE TASCHENBÜCHER

Bei Fragen zur Produktsicherheit wenden Sie sich bitte an:
If you have any questions regarding product safety,
please contact:

Walter de Gruyter GmbH
Genthiner Straße 13
10785 Berlin
productsafety@degruyterbrill.com